"十四五"职业教育国家规划教材

"十三五"职业教育国家规划教材

职业教育改革与创新系列教材

建筑装饰效果图绘制——
3ds Max＋VRay＋Photoshop

第 2 版

主　编　杨　茜
副主编　齐　哲　傅文清
参　编　张栗桃　王晋芳　陈春伟　赵新伟
　　　　贾　燕

机械工业出版社

本书为 3ds Max、VRay 和 Photoshop 学习使用教材，从装饰品的制作，到家具制作，再到整体空间的制作，由浅入深，循序渐进。共分为 3ds Max 单体建模、VRay 材质及灯光的应用和综合实例及 Photoshop 后期处理三篇。

第一篇为单体建模篇，按照初学者的学习规律介绍了 3ds Max 的基本操作和建筑构件、各类简单家具模型的创建方法；第二篇为 VRay 材质及灯光应用篇，介绍了室内效果图制作，各种材质类型的表现和制作方法；VRay 灯光的创建和应用方法；第三篇为综合实例及 Photoshop 后期处理篇，系统地介绍了不同类型、不同时间和不同气氛的现代室内装饰建筑效果图的制作流程和方法，以及效果图的后期处理，帮助读者综合运用前面所学知识，积累实战经验。

本书可作为大中专院校建筑类专业教材，也可作为装饰公司培训教材使用。

为方便使用，本书配有二维码微课视频，全书配套的 ppt 课件，全部实例的场景文件、源文件和贴图等相关资料。凡选用本书作为授课教材的教师均可登录 www.cmpedu.com，以教师身份免费注册下载。编辑咨询电话：010-88379934。机工社职教建筑 QQ 群：221010660。

图书在版编目（CIP）数据

建筑装饰效果图绘制：3ds Max+VRay+Photoshop/杨茜主编. —2 版. —北京：机械工业出版社，2019.3（2025.1 重印）
"十三五"职业教育国家规划教材
职业教育改革与创新系列教材
ISBN 978-7-111-62025-9

Ⅰ.①建… Ⅱ.①杨… Ⅲ.①建筑装饰-建筑设计-计算机辅助设计-应用软件-高等职业教育-教材 Ⅳ.①TU238-39

中国版本图书馆 CIP 数据核字（2019）第 029696 号

机械工业出版社（北京市百万庄大街 22 号 邮政编码 100037）
策划编辑：刘思海 沈百琦 责任编辑：沈百琦
责任校对：刘志文 责任印制：张 博
北京建宏印刷有限公司印刷
2025 年 1 月第 2 版第 10 次印刷
184mm×260mm·14.25 印张·342 千字
标准书号：ISBN 978-7-111-62025-9
定价：56.00 元

电话服务　　　　　　　　　　网络服务
客服电话：010-88361066　　　机 工 官 网：www.cmpbook.com
　　　　　010-88379833　　　机 工 官 博：weibo.com/cmp1952
　　　　　010-68326294　　　金 书 网：www.golden-book.com
封底无防伪标均为盗版　　机工教育服务网：www.cmpedu.com

关于"十四五"职业教育
国家规划教材的出版说明

为贯彻落实《中共中央关于认真学习宣传贯彻党的二十大精神的决定》《习近平新时代中国特色社会主义思想进课程教材指南》《职业院校教材管理办法》等文件精神，机械工业出版社与教材编写团队一道，认真执行思政内容进教材、进课堂、进头脑要求，尊重教育规律，遵循学科特点，对教材内容进行了更新，着力落实以下要求：

1. 提升教材铸魂育人功能，培育、践行社会主义核心价值观，教育引导学生树立共产主义远大理想和中国特色社会主义共同理想，坚定"四个自信"，厚植爱国主义情怀，把爱国情、强国志、报国行自觉融入建设社会主义现代化强国、实现中华民族伟大复兴的奋斗之中。同时，弘扬中华优秀传统文化，深入开展宪法法治教育。

2. 注重科学思维方法训练和科学伦理教育，培养学生探索未知、追求真理、勇攀科学高峰的责任感和使命感；强化学生工程伦理教育，培养学生精益求精的大国工匠精神，激发学生科技报国的家国情怀和使命担当。加快构建中国特色哲学社会科学学科体系、学术体系、话语体系。帮助学生了解相关专业和行业领域的国家战略、法律法规和相关政策，引导学生深入社会实践、关注现实问题，培育学生经世济民、诚信服务、德法兼修的职业素养。

3. 教育引导学生深刻理解并自觉实践各行业的职业精神、职业规范，增强职业责任感，培养遵纪守法、爱岗敬业、无私奉献、诚实守信、公道办事、开拓创新的职业品格和行为习惯。

在此基础上，及时更新教材知识内容，体现产业发展的新技术、新工艺、新规范、新标准。加强教材数字化建设，丰富配套资源，形成可听、可视、可练、可互动的融媒体教材。

教材建设需要各方的共同努力，也欢迎相关教材使用院校的师生及时反馈意见和建议，我们将认真组织力量进行研究，在后续重印及再版时吸纳改进，不断推动高质量教材出版。

机械工业出版社

三维设计是指在三维空间中绘制出生动形象的三维立体图形，从而提高图形的表现力。三维立体图形可以从任意角度观察，创建三维对象的过程称为三维建模。三维设计包含的内容非常广泛，常见的有产品造型、电脑游戏、建筑、结构、配管、机械、暖通、水道以及影视表现等。

本书根据使用 3ds Max + VRay + Photoshop 进行室内建筑装饰效果图制作的流程和特点，精心设计了多个实例，循序渐进地讲解了使用 3ds Max + VRay + Photoshop 制作室内建筑装饰效果图所需要的基础知识、制作方法和相关技巧。

本书配套完整的二维码微课视频、电子课件，以及全部实例的场景文件、源文件和贴图等信息化资源；此外，本书还建立了线上课程（超星平台），方便学生们自学使用，也让本书更加好用、适用、实用。

本书采用案例教学的编写形式，内容丰富，技术实用，讲解清晰，案例精彩，兼具技术手册和应用技巧参考手册的特点，不仅可以作为效果图制作初、中级读者的学习用书，也可以作为相关专业以及效果图培训班的学习和上机实训教材。

为贯彻党的二十大精神，加强教材建设，推进教育数字化，编者在动态重印过程中，对全书内容进行了全面梳理，着重优化了"拓展园地"，丰富了相应的数字资源。

本书由石家庄市城乡建设学校杨茜任主编，石家庄市城乡建设学校齐哲、傅文清任副主编，石家庄市城乡建设学校张栗桃、王晋芳、陈春伟、赵新伟和贾燕参与编写。全书由石家庄市城乡建设学校张新峰主审。

由于编写时间仓促，编者水平有限，书中疏漏和不妥之处在所难免，欢迎广大读者和同行批评指正。

编　者

第1版 前言

　　三维设计是指在三维空间中绘制出生动形象的三维立体图形，从而提高图形的表现力。三维立体图形可以从任意角度观察，创建三维对象的过程称为三维建模。三维设计包含的内容非常广泛，常见的有产品造型、电脑游戏、建筑、结构、配管、机械、暖通、水道、影视表现等。

　　本书根据使用3ds Max＋VRay＋Photoshop进行室内建筑装饰效果图制作的流程和特点，精心设计了多个实例，循序渐进地讲解了使用3ds Max＋VRay＋Photoshop制作室内建筑装饰效果图所需要的基础知识、制作方法和相关技巧。本书分为3ds Max单体建模、VRay材质设置及灯光的应用、综合案例3个模块。模块一为3ds Max单体建模，按照初学者的学习规律，介绍了3ds Max的基本操作和建筑构件、各类简单家具模型的创建方法。模块二为VRay材质设置及灯光的应用，介绍了室内效果图制作各种材质类型的表现和制作方法；3ds Max灯光和VRay灯光的创建和应用方法。模块三为综合案例，介绍了不同类型、不同时间、不同气氛的现代室内装饰建筑效果图的制作流程和方法，以及效果图的后期处理，帮助读者综合运用所学知识，积累实战经验。

　　本书采用案例教学的编写模式，内容丰富、技术实用、讲解清晰、案例精彩，兼具技术手册和应用技巧参考手册的特点。

　　本书由杨茜任主编，王静、赵庆谱任副主编。傅文清、赵新伟、陈春伟、张晓、贾燕参加编写。

　　由于编写时间仓促，编者水平有限，书中疏漏和不妥之处在所难免，欢迎广大读者和同行批评指正。

编　者

目　录

第 2 版前言

第 1 版前言

单体建模

第一篇

项目一　各类装饰品的建模方法 ································· 2

学习情境 1　制作花瓶及干枝 ································· 2

学习情境 2　制作装饰画 ······························· 8

学习情境 3　制作床头灯 ······························· 12

项目二　各类家具的建模方法 ························· 20

学习情境 1　制作餐椅 ······························· 20

学习情境 2　制作餐桌 ······························· 27

学习情境 3　制作茶几 ······························· 39

学习情境 4　制作沙发 ······························· 51

VRay材质及灯光的应用

第二篇

项目三　墙面材质的设置 ················· 64
　学习情境1　乳胶漆材质的设置 ············· 64
　学习情境2　壁纸材质的设置 ··············· 72
　学习情境3　墙砖材质的设置 ··············· 79
项目四　地面材质的设置 ················· 88
　学习情境1　石材材质的设置 ··············· 88
　学习情境2　木地板材质的设置 ············· 91
　学习情境3　地毯材质的设置 ··············· 94
项目五　家具材质的设置 ················· 101
　学习情境1　玻璃材质的设置 ··············· 101
　学习情境2　金属材质的设置 ··············· 106
　学习情境3　皮革材质的设置 ··············· 109
　学习情境4　木纹理材质的设置 ············· 114
　学习情境5　布艺材质的设置 ··············· 119
项目六　VRay 灯光的应用 ················· 124
　学习情境1　VRay 灯光的设置 ············· 124
　学习情境2　VRay 阳光及天光的设置 ········· 136

综合实例及Photoshop后期处理

第三篇

项目七　现代客厅的制作方法及 Photoshop 的
　　　　后期处理 ··········· 146
项目八　现代餐厅的制作方法及 Photoshop 的
　　　　后期处理 ··········· 190

参考文献 ············· **218**

第一篇

单体建模

项目一　各类装饰品的建模方法

项目概述

　　在室内点缀适当的装饰性工艺品，对美化室内空间起着不可忽视的作用。在设计中应根据装饰环境和住户的喜好，选择合适的工艺品。在现代生活中，花瓶和装饰画，逐渐成为现代家居装饰中的常见装饰品。它们可以增加空间的层次感，丰富整体空间的气氛。

学习情境 1　制作花瓶及干枝

学习目标

　　◆ 利用线的"创建"、"车削"和"壳"命令制作各类旋转体。

　　◆ 利用"编辑样条线"、"可编辑多边形"、"附加"和"缩放"命令完成干枝的制作。

情境描述

　　制作室内装饰用的各类花瓶及瓶内装饰物，完成的效果如图1-1所示。

制作花瓶及
干枝（1）

制作花瓶及
干枝（2）

图1-1　完成的花瓶及干枝效果图

任务实施

一、制作花瓶

（1）启动 3ds Max 2017 软件，在"菜单栏"中，单击"自定义"，选择"单位设置"，将单位设置和系统单位设置均设为毫米，如图 1-2 所示。

图 1-2　单位设置

（2）在"命令面板"中单击 ✚（创建）→单击 ⬚（图形）→单击 ▭ 线 ，在前视图绘制出装饰瓶的剖面线，可以先绘制一个矩形作为尺寸参照。尺寸形态如图 1-3 所示。

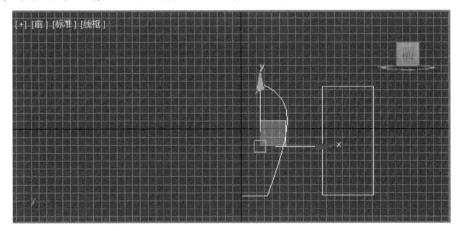

图 1-3　绘制装饰瓶剖面线

（3）确认图形处于被选择状态，在"修改器列表"中选择"车削"选项，为绘制的图形添加一个车削命令，可勾选"翻转法线"选项，然后单击"对齐"选项中的 最小 按钮，如图 1-4 所示。

注意：是否使用翻转法线命令和线的绘制方向有关。

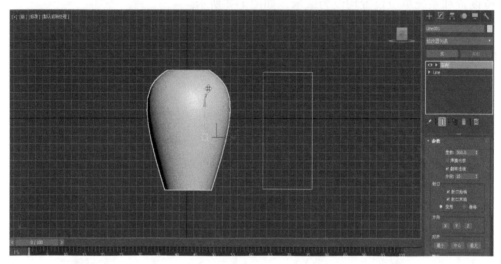

图 1-4　执行"车削"命令并对齐图像

（4）单击 （修改）→选择"修改器列表"→单击"壳"命令，修改"外部量"的数值，调整花瓶的厚度。并用同样的方法再制作其他装饰瓶，效果如图 1-5 所示。

图 1-5　调整花瓶厚度

（5）按住 Shift 键，在顶视图用移动工具拖动装饰瓶，在弹出的"克隆"选项对话框中选择"复制"，点击"确定"，如图 1-6 所示。

（6）单击"工具栏"中的 （缩放）按钮，将复制的装饰瓶执行缩小操作，形态如图 1-7所示。

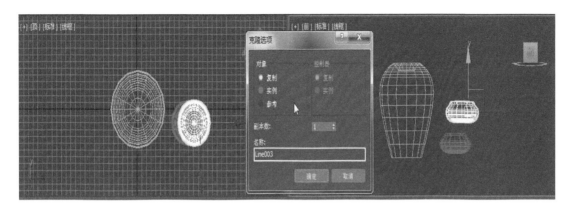

图 1-6　复制装饰瓶

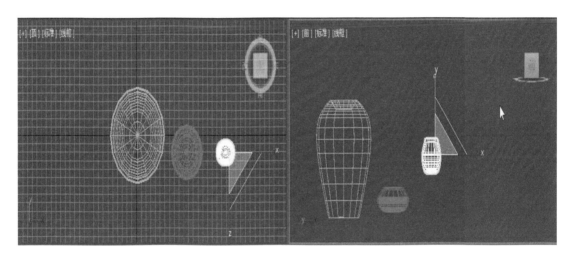

图 1-7　将复制花瓶缩小

二、制作干枝

（1）在前视图用"线"绘制出干枝，形态如图 1-8 所示。然后在顶视图和透视图调整干枝的立体方位，使干枝线条不规则，如图 1-9 所示。选中一条线条点击鼠标右键选择"附加"命令，然后点选其他线条，使干枝成为一个物体。单击 [图] （修改），单击 [图] （顶点）进行点的编辑，框选所有顶点（快捷键"Ctrl + A"）点击鼠标右键选择"平滑"，使线条圆滑真实，如图 1-10 所示。

（2）进入干枝的"样条线修改"命令面板，选择"渲染"→选择"在渲染中启用"→选择"在视口中启用"→ 选择"生成贴图坐标"。设定干枝的直径（厚度）使线条可渲染，如图 1-11 所示。

（3）为了让干枝的顶点位置更真实，需要把顶点部位变细。选择干枝线条并右击鼠标，在弹出的选项中选择"转换为"→选择"转换为可编辑多边形"，如图 1-12 所示。

（4）单击 [图] （修改）按钮进入"修改"命令面板，单击 [图] （顶点）按钮，然后选中

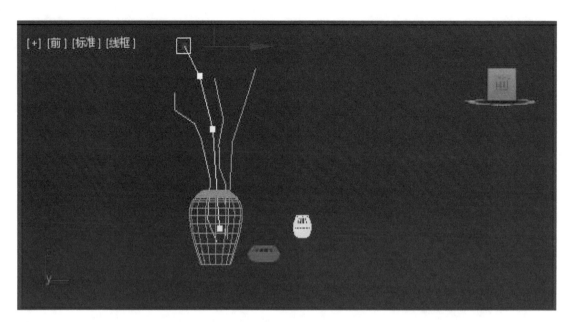

图 1-8　绘制干枝

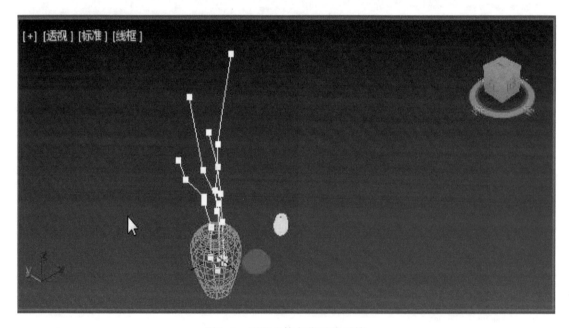

图 1-9　调整立体方位后的干枝

干枝的顶点。单击"工具栏"中▓（缩放）按钮，调整每个干枝顶点部位的粗细，使干枝顶部出现粗细变化，如图 1-13 所示。

（5）在"菜单栏"中，单击"文件"选项中"保存"命令，将此模型保存为"装饰物.max"文件。

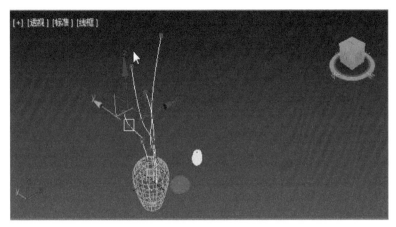

图 1-10　将多干枝附加并平滑处理

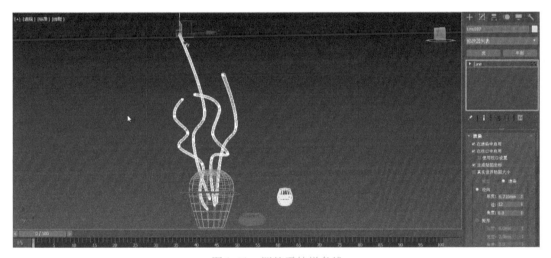

图 1-11　调整干枝样条线

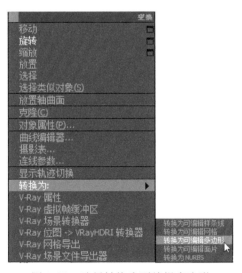

图 1-12　选择转换为可编辑多边形

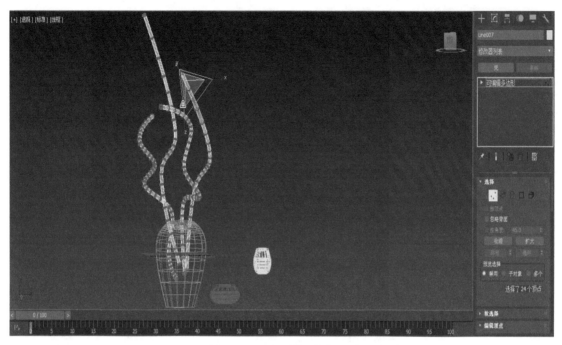

图 1-13　调整干枝顶部形态

知识链接

（1）装饰品的风格要和室内环境相协调，如：青花瓷类的装饰瓶适于中式风格的家居环境，而不锈钢、玻璃等则适于现代风格的家居环境。

（2）装饰品的大小要与室内空间大小相协调，色彩也要和谐统一。

任务评价

任 务 内 容	满　分	得　分
本项任务需在一课时内完成	10 分	
花瓶的造型是否美观	35 分	
干枝的形态是否多样，排列是否美观	35 分	
干枝和花瓶的比例关系是否协调	20 分	

学习情境2　制作装饰画

学习目标

利用"倒角剖面"命令来完成各种复杂画框和相框的制作。

情境描述

制作室内装饰画，如图 1-14 所示。

制作装饰画

图 1-14　室内装饰画效果图

任务实施

（1）启动 3ds Max 2017 软件，在"菜单栏"中，单击"自定义"，选择"单位设置"，将单位设置为毫米，如图 1-15 所示。

（2）单击 ➕（创建）→单击 ⬚（图形）→单击 矩形 ，在前视图创建一个 800×1200 的矩形（作为"路径"）。在顶视图用"线"命令绘制出画框的剖面线（25×45），如图 1-16所示。

（3）确认矩形处于被选择状态，在"修改器列表"中执行"倒角剖面"命令。在"参数"卷展栏中单击"拾取剖面"按钮，在顶视图拾取绘制的剖面线，此时画框生成，效果如图 1-17 所示。

（4）将画框转换为"可编辑多边形"物体，按下〈4〉键，进入（多边形）子物体层级，将画框后面的面删除，然后按下〈3〉键，进入（边界）子物体层级，单击"编辑边界"卷展栏下的 封口 按钮，效果如图 1-18 所示。

（5）为装饰画赋予材质后的效果如图 1-14 所示。

（6）将制作的模型保存为"装饰画.max"文件。

图 1-15 单位设置

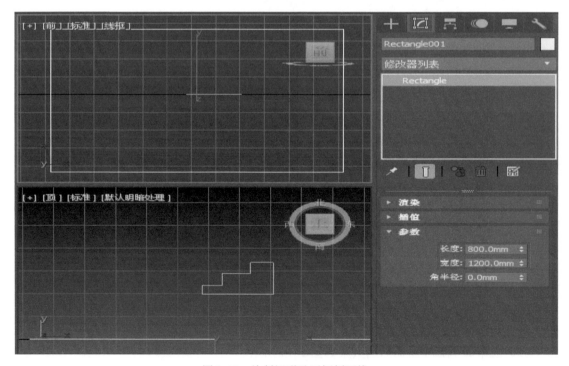

图 1-16 绘制矩形及画框剖面线

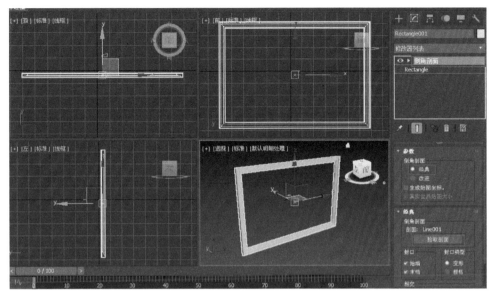

图 1-17　制作的画框

图 1-18　编辑画框

知识链接

（1）装饰画在设计中应根据装饰环境和住户的喜好，选择图饰，并要保持整体性，即保证整个居室氛围的一致性。偏中式风格的房间宜选择国画、水彩和水粉画等，图案带有传统的民俗色彩；偏欧式风格的房间适合搭配油画作品；偏现代风格的房间适合搭配一些印象、抽象类油画，也可选用个性十足的装饰画。

（2）客厅装饰画的材料不必奢华，也不必刻意雕琢，但要营造出一种安宁温馨的氛围和纯朴返真的情调，借以展示主人独特的审美情趣，并且能让居室环境更加协调和谐，使"斯是陋室，唯吾德馨"的家洋溢出一种浓厚的人文色彩。

任务评价

任 务 内 容	满 分	得 分
本项任务需在一课时内完成	10 分	
画框装饰角的造型是否美观和谐	35 分	
选取的装饰画风格是否能与室内风格相一致	35 分	
画框长宽的比例关系和装饰角的比例关系是否协调	20 分	

学习情境 3　制作床头灯

学习目标

▷ 利用线的"创建"和"车削"命令制作床头灯的灯座部分。

▷ 利用"创建圆柱体"、"可编辑多边形"和"缩放"命令完成灯体支撑物的制作。

▷ 利用"创建管状体"和"锥化"命令完成灯罩部分的制作。

情境描述

制作床头灯，如图 1-19 所示。

制作床头灯

图 1-19　床头灯效果图

任务实施

一、制作床头灯

（1）启动 3ds Max 2017 软件，在"菜单栏"中单击"自定义"，选择"单位设置"，将单位设置为毫米，如图 1-15 所示。

（2）单击 ✚ （创建）→单击 ▣ （图形）→单击 ▭ 线 ，在前视图绘制出床头灯底座和灯身的剖面线，可以先绘制一个矩形作为尺寸参照。尺寸形态如图 1-20 所示。

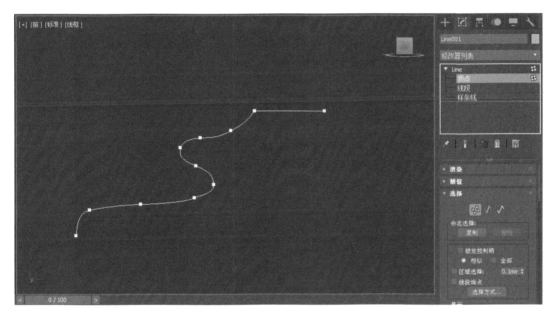

图 1-20　绘制床头灯底座和灯身剖面线

（3）确认图形处于被选择状态，在"修改器列表"中选择"车削"选项，为绘制的图形添加一个车削命令，勾选"翻转法线"选项，在方向上选择"Y"轴，将段数数值设置为"90"，使底座更加圆滑，然后单击"对齐"选项框中的 最大 按钮，如图 1-21 所示。

注意：是否使用翻转法线命令和线的绘制方向有关。

（4）单击 ✚ （创建）→单击 ◯ （几何体）→单击 ▭ 圆柱体 ，在顶视图中，绘制出床头灯的灯身部分，如图 1-22 所示。

（5）在"工具栏"中，单击"对齐"按钮（快捷键"Alt + A"），选取灯座与床头灯的底座进行对齐，在弹出的"复制"对话框设置如图 1-23 所示，单击"确定"按钮，取得效果如图 1-24 所示。

（6）在前视图中，选择圆柱体，单击鼠标右键，选择"转换为"→选择"可编辑多边形"，单击 ◿ （边）按钮进行编辑；选择圆柱体的横向边，单击 ▦ （缩放）命令调整灯身，形态如图 1-25 所示。

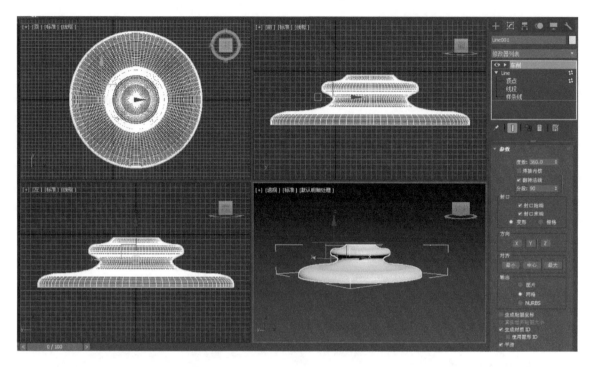

图 1-21　执行"车削"命令并对齐图像

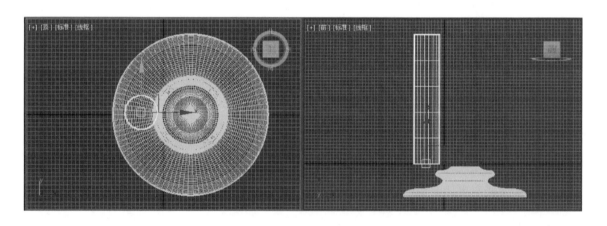

图 1-22　绘制床头灯灯身

注意：配合使用 Alt 键进行边的选择。

（7）为了使灯体更加平滑，选择如图 1-26 所示位置的线段，单击▱（修改）→单击◁（边），然后单击 编辑边 卷展栏中的 连接 ▱命令，给灯体添加一个新的横向边，如图 1-27 所示。

（8）单击 ▭（缩放）按钮，继续调整床头灯灯体形态，效果如图 1-28 所示。

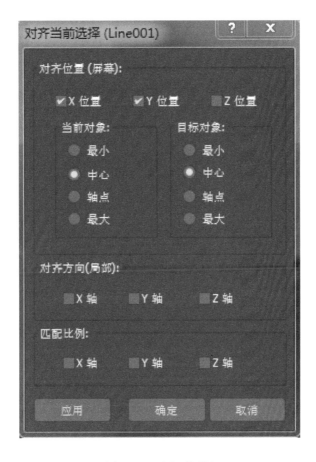

图 1-23　对齐对话框

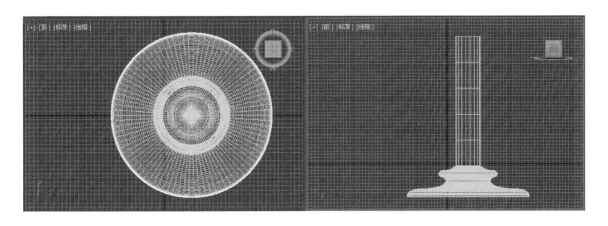

图 1-24　对齐灯身与灯座

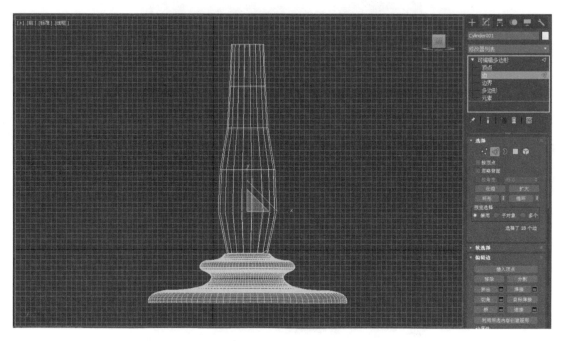

图 1-25　调整灯身形态

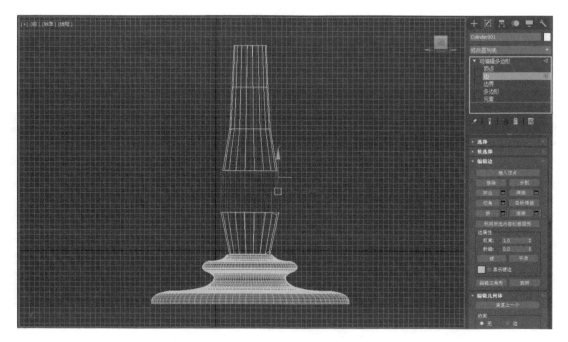

图 1-26　调整灯身

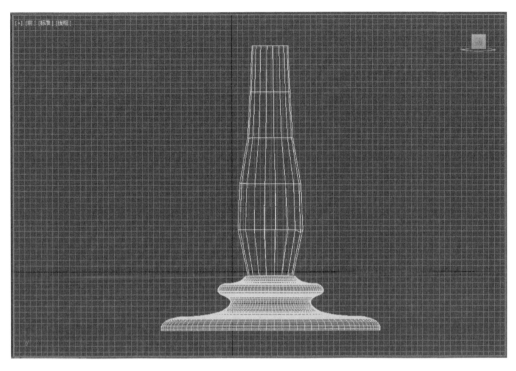

图 1-27　添加灯身横向边

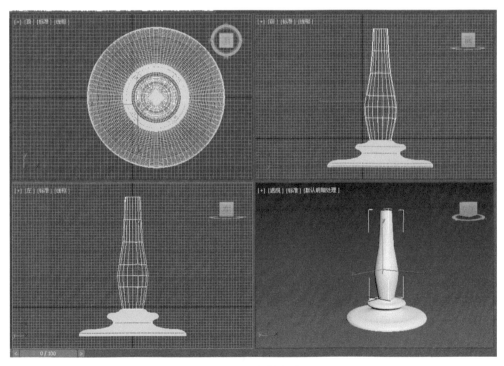

图 1-28　灯体形态

二、制作灯罩

（1）在前视图中，单击➕（创建）→单击⭕（几何体）→单击 管状体 ，绘制出灯罩的基本形态，效果如图1-29所示。

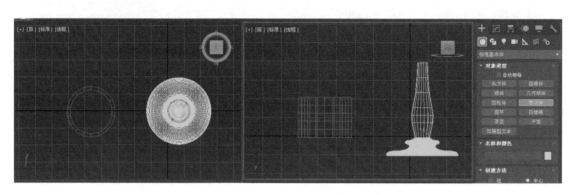

图1-29 绘制灯罩基本形态

（2）单击 ⚙（修改）命令，调整圆柱体的边数为"8"，在"修改器列表"中选择"锥化"选项，如图1-30所示，然后调整锥化参数的"数量"值为"-0.5"，"曲线"值为"-0.7"，效果如图1-31所示。

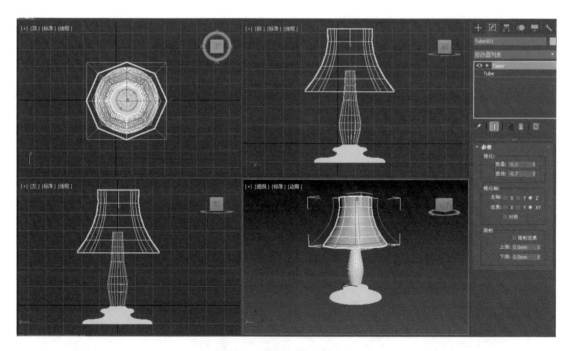

图1-30 执行"锥化"命令

（3）在"菜单栏"中，单击"文件"中"保存"命令，将此模型保存为"床头灯.max"文件。

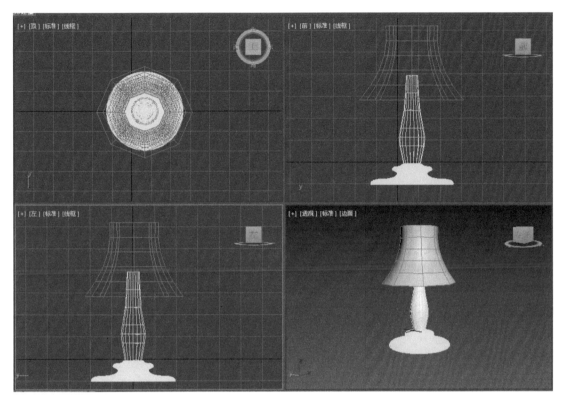

图 1-31　锥化调整灯罩形态

知识链接

　　床头灯集普通照明、局部照明、装饰照明三种功能于一身。因此，床头灯的光照效果应当明亮且柔和，这样能够营造一种温馨的格调。床头灯的光线趋于柔和，符合人们夜间的心理状态，刺眼的灯光只会打消您的睡意，且令眼睛感到不适。一般床头灯的色调应以暖色或中性色为宜，比如鹅黄色、橙色、乳白色等。

任务评价

任务内容	满　分	得　分
本项任务需在一课时内完成	10 分	
灯罩的造型是否美观	35 分	
灯身的形态比例是否美观	35 分	
床头灯整体的比例关系是否协调	20 分	

项目二　各类家具的建模方法

项目概述

　　本项目分别以餐椅、餐桌、茶几和沙发为案例讲述家具的建模方法。这些家庭生活中不可缺少的家具既能够满足人们的基础需求，还能使人们在居室生活中享受到愉悦的时光，也为居家空间增添一些闪光点。

学习情境 1　　制作餐椅

学习目标

▶ 利用"标准基本体"的创建、可编辑多边形命令完成餐椅的基本结构。

▶ 利用"FFD"的修改命令、缩放命令制作餐椅靠背。

情境描述

　　制作专供就餐用的椅子，如图 2-1 所示。

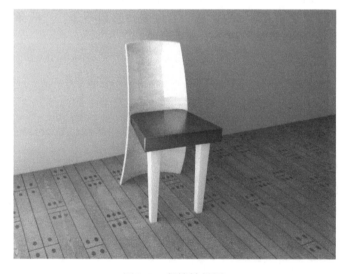

制作餐椅

图 2-1　餐椅效果图

任务实施

一、制作椅子的基本结构

（1）启动 3ds Max 2017 软件，在"菜单栏"中，单击"自定义"，选择"单位设置"，将单位设置为毫米，如图 1-15 所示。

（2）单击 ➕（创建）→单击 ⭕（几何体）→单击 扩展基本体 →单击 切角长方体 ，在顶视图绘制出椅子的坐面，尺寸形态如图 2-2 所示。

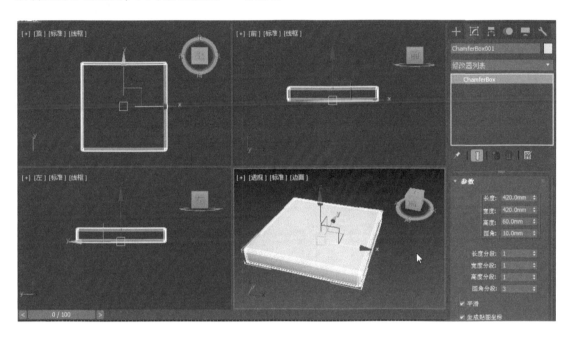

图 2-2　绘制椅子坐面

（3）继续制作椅腿，单击 ➕（创建）→单击 ⭕（几何体）→单击 扩展基本体 →单击 切角长方体 ，在顶视图中，绘制出椅腿部分，位置及尺寸形态如图 2-3 所示。

（4）按住 Shift 键，在顶视图用移动工具拖动复制出另一条椅腿，在弹出的复制对话框中单击"确定"按钮，如图 2-4 所示。

（5）在顶视图中，单击 ➕（创建）→单击 ⭕（几何体）→单击 扩展基本体 →单击 切角长方体 ，绘制出椅背部分，位置及尺寸形态如图 2-5 所示。

注意：不要将椅子的坐面部分和椅子的靠背进行相接。

二、制作椅子的细节形态

（1）在顶视图中，选择椅子座垫，单击 🗐（修改）→选择"修改器列表"→选择"FFD2×2×2"→选择"控制点"级别，选择椅背一侧的控制点，如图 2-6 所示。

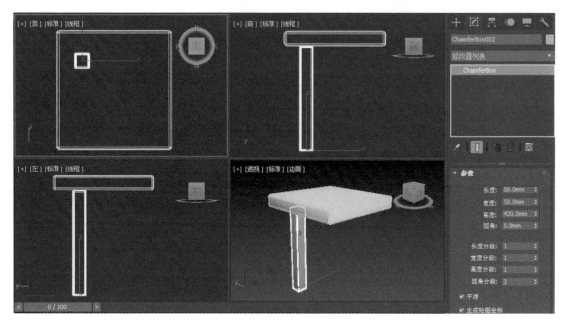

图 2-3　绘制椅腿

图 2-4　复制椅腿

（2）单击 （缩放）按钮，沿"Y"轴方向拖动鼠标进行缩放，调整椅子座垫的形态，形态如图 2-7 所示。

（3）在前视图中，选择椅垫前面部分的控制点，使用 （移动）工具，沿"Y"轴方向向上进行拖动调整，形态如图 2-8 所示。

（4）在前视图中，选择一条椅腿，单击 （修改）→选择"修改器列表"→选择"FFD2×2×2"→选择"控制点"级别，选择椅腿底部的控制点，配合 （缩放）工具，沿"X"轴拖动调整椅腿，如图 2-9 所示。

注意：将另一椅腿进行删除，复制缩放完成的椅腿，以保证椅腿的比例一致。

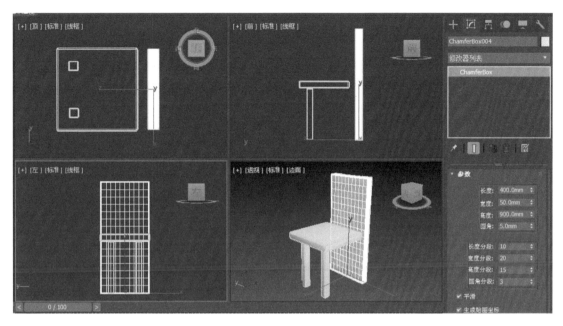

图 2-5 绘制椅背

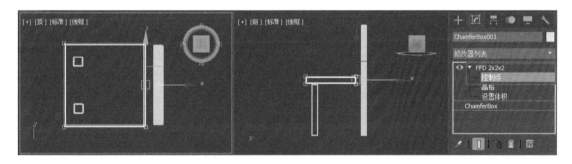

图 2-6 选择坐垫控制点位置

（5）再用同样的方法调整椅背，在顶视图中，选择椅背，单击 （修改）→选择"修改器列表"→选择"FFD4×4×4"→选择"控制点"级别，选择靠背中部的控制点，调整形态如图 2-10 所示。

注意： 设置的切角长方体的长、宽和高的分段数值越高弧形曲线越细致。

（6）在透视图中我们可以看到椅子的形态不太稳定，如图 2-11 所示。

（7）在前视图中，选择椅背，继续调整椅背的形态，单击 （修改）→选择"修改器列表"→选择"FFD4×4×4"选择"控制点"级别，在前视图中选择靠背中部的控制点，单击 （移动）按钮沿"x"轴进行拖动调整到如图 2-12 所示。

（8）再次调整椅背，在左视图中，点击 （修改）→选择"修改器列表"→选择"FFD2×2×2"→选择"控制点"级别，选择椅子下部分的控制点，配合工具栏中 （缩放）命令，沿

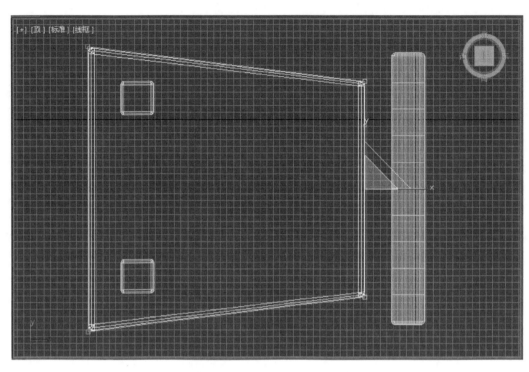

图 2-7　缩放调整椅子形态

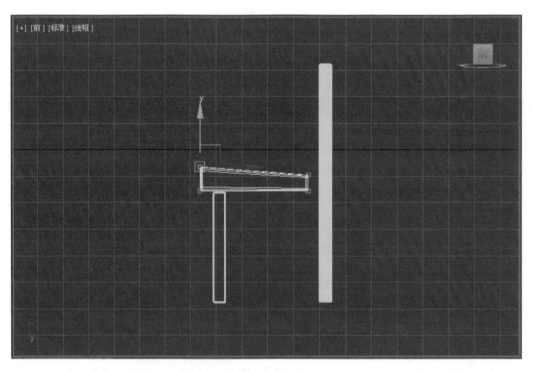

图 2-8　椅垫侧面调整形态

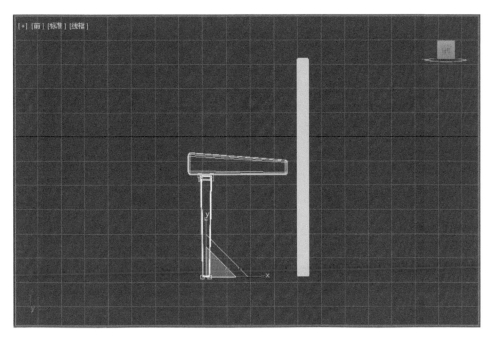

图 2-9　调整后椅腿形态

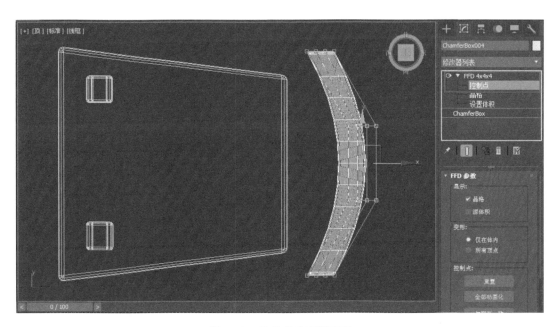

图 2-10　将椅背作弧形调整

"x"轴进行缩放,使椅子看起来更加稳定,如图 2-13 所示。

（9）最后,在"菜单栏"中,单击"文件"中"保存"命令,将此模型保存为"餐椅.max"文件。

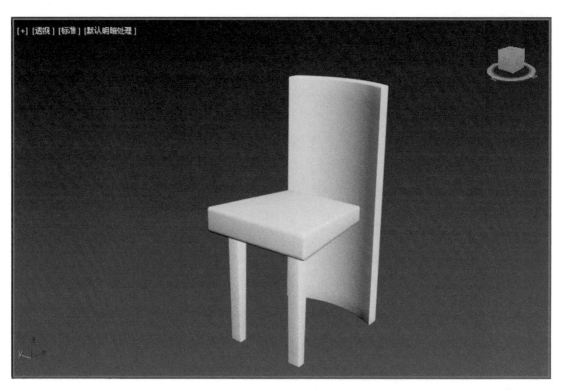

图 2-11　透视图中椅子形态

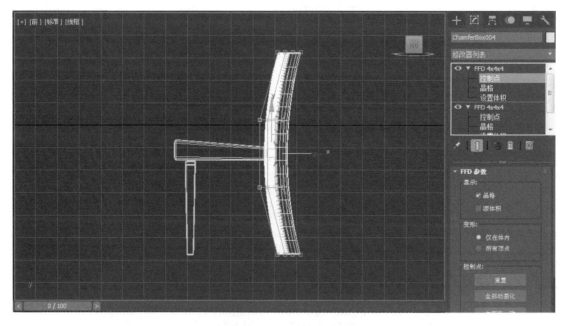

图 2-12　调整后椅背形态

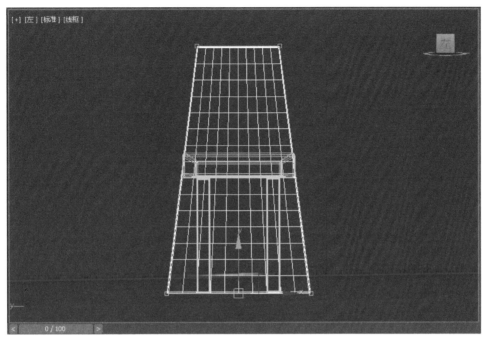

图 2-13　调整后形态

知识链接

（1）椅子的高度比例要符合人体工程学，一般餐椅的座面高度为 450mm，餐椅高为 450~500mm，餐椅餐凳的座面高度为 400mm、420mm、440mm 三个规格。

（2）餐桌椅配套使用，桌椅高度差应控制在 280~320mm 范围内。

任务评价

任务内容	满　分	得　分
本项任务需在一课时内完成	20 分	
椅背的弧度造型是否合理美观	40 分	
椅子的整体比例关系是否稳定协调	40 分	

学习情境 2　制作餐桌

学习目标

▶ 利用倒角、切角命令对创建的形体进行修改调整，完成餐桌形态的制作。

▶ 利用连接可编辑多边形的边增加面的细分。

情境描述

制作室内设计中餐厅必不可少的家具——餐桌，如图 2-14 所示。

制作餐桌

图 2-14　餐桌效果图

任务实施

一、制作餐桌桌面

（1）启动 3ds Max 2017 软件，在"菜单栏"中，单击"自定义"，选择"单位设置"，将单位设置为毫米，如图 2-15 所示。

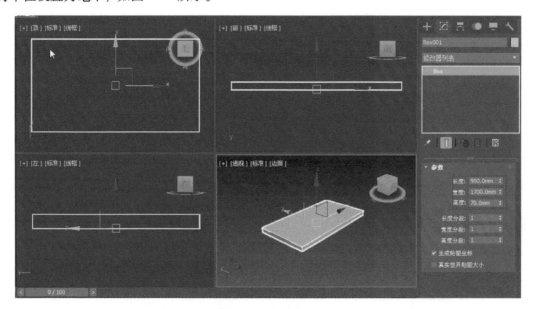

图 2-15　绘制桌面

（2）在顶视图中，单击 ✚（创建）→单击 ●（几何体）→单击"标准几何体"→单击 长方体 ，绘制一个矩形作为餐桌的桌面，形态如图2-15所示。

（3）在前视图中选择矩形，右击鼠标，选择"转换为可编辑多边形"，如图2-16所示。

图2-16　选择转换为可编辑多边形

（4）单击 ☑（修改）→选择"可编辑多边形"→选择 ◁（边）层级，在左视图中选择桌面的四边，如图2-17所示。单击 编辑边 →单击 连接 ，增加边的分段，如图2-18所示。

图2-17　选择桌面四边

（5）确认已选新增加分段的边，单击 切角 按钮，设置切角值如图2-19所示。在透视

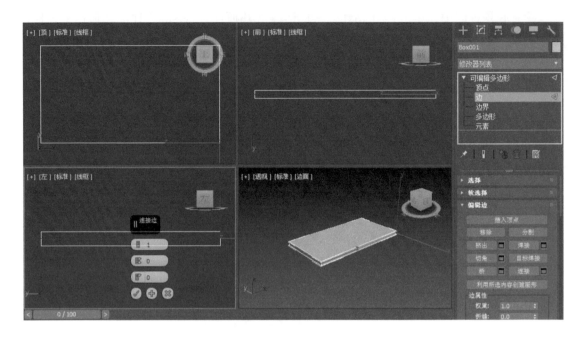

图 2-18　增加边的分段

图中，配合 Ctrl 键使用 （环绕子对象），将其转换为面的选择，然后单击"收缩"，如图 2-20 所示。

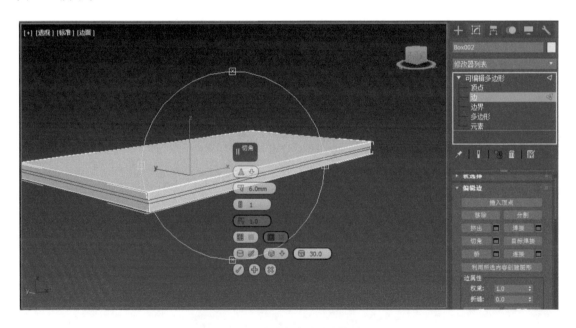

图 2-19　为增加白边进行切角

（6）继续上一步，点击"挤出"命令，将挤出类型设置为"局部法线"，基础高度为"-6.0mm"。如图 2-21 所示。

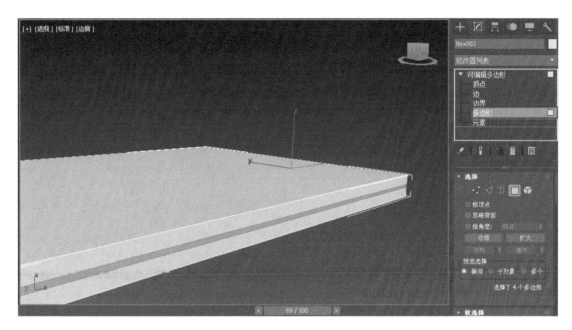

图 2-20　为增加的面进行收缩

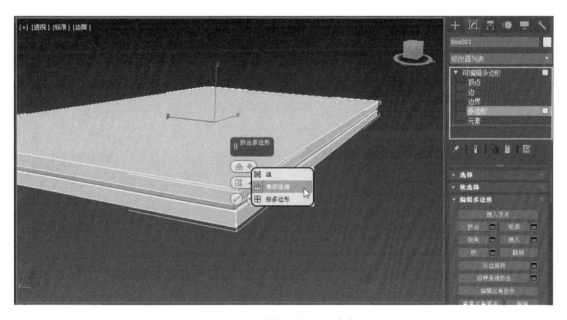

图 2-21　执行"挤出"命令

（7）在透视图中，单击进入到 ◁（边）层级，选择所有的边，为其增加切角，餐桌桌面绘制完成，如图 2-22 所示。

（8）单击进入 ▢（多边形）层级，选择餐桌桌面，在"编辑多边形"卷展栏中单击 倒角 命令，如图 2-23 所示。

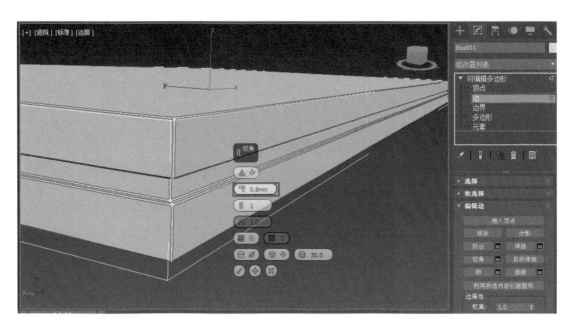

图 2-22　细化餐桌桌边

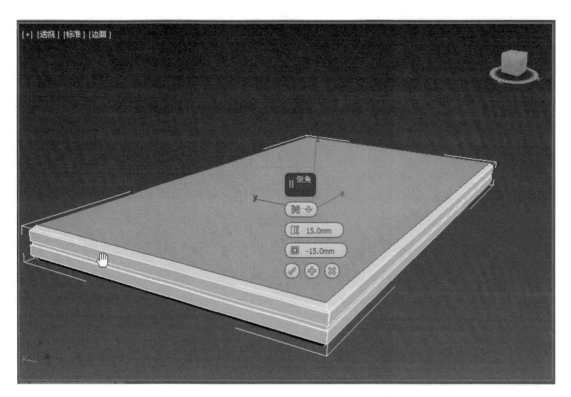

图 2-23　为桌面添加倒角

二、制作餐桌桌腿

（1）在顶视图中，单击 + （创建）→单击 ○ （几何体）→单击"标准几何体"→单击 长方体 ，尺寸形态如图 2-24 所示。

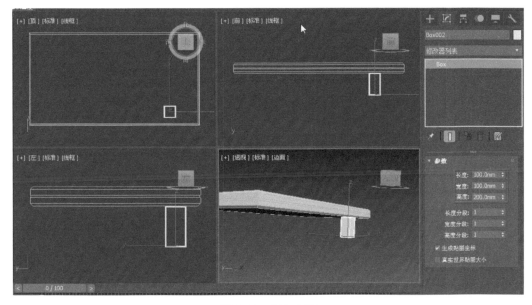

图 2-24　制作桌腿

（2）选择矩形，右击鼠标，选择"转换为："中的"可编辑多边形"。在透视图中单击 ☑ （修改）命令进入 □ （面）层级，然后单击"编辑多边形"卷展栏中的 倒角 按钮，形态如图 2-25 所示。

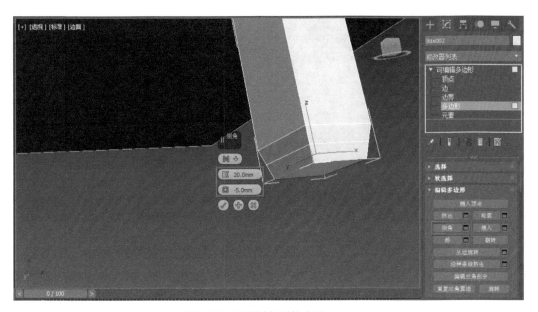

图 2-25　利用倒角制作桌腿（一）

（3）继续使用"编辑多边形"选项中的 ▢ 倒角 按钮，进行多次倒角命令操作，数值形态参照如图 2-26 ~ 图 2-30 所示，将餐桌腿形态调整至如图 2-31 所示。

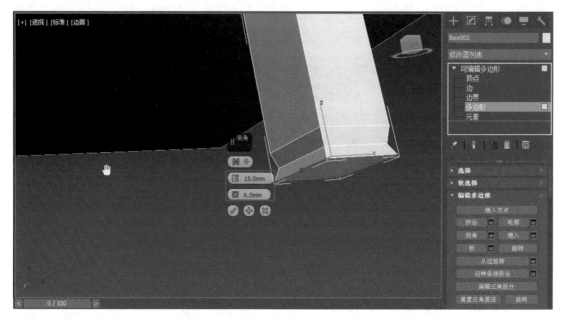

图 2-26　利用倒角制作桌腿（二）

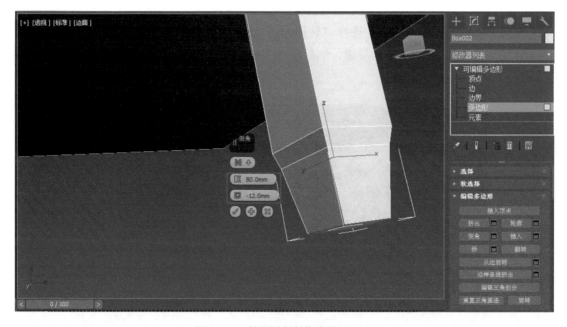

图 2-27　利用倒角制作桌腿（三）

（4）在前视图中，进入 ◁ （边）层级，选择桌腿所有的边，如图 2-32 所示，单击编辑边卷展栏下的"切角"命令，为其添加切角。

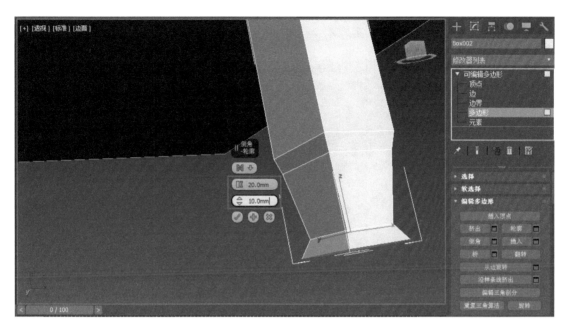

图 2-28 利用倒角制作桌腿（四）

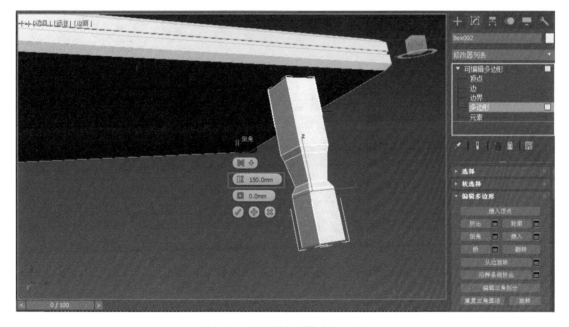

图 2-29 利用倒角制作桌腿（五）

（5）在顶视图中，选择调整好的桌腿进行实例复制，如图 2-33 所示。

（6）单击 **+**（创建）→单击 ●（几何体）→单击"标准几何体"→单击 长方体 ，如图 2-34 所示。

（7）单击调整好的矩形，对其进行复制，位置形态如图 2-35 所示。

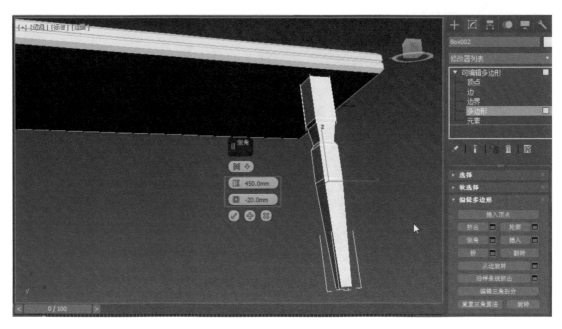

图 2-30　利用倒角制作桌腿（五）

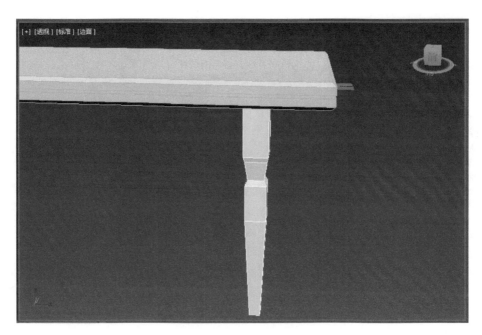

图 2-31　桌腿完整形态

（8）再次单击 ✚ （创建）→单击 ⬤ （几何体）→单击"标准几何体"→单击 长方体 同样的方法，创建餐桌两端下面的支撑物，如图 2-36 所示。

（9）在"菜单栏"中单击"文件"中的保存命令，将此模型保存为"餐桌.max"文件。

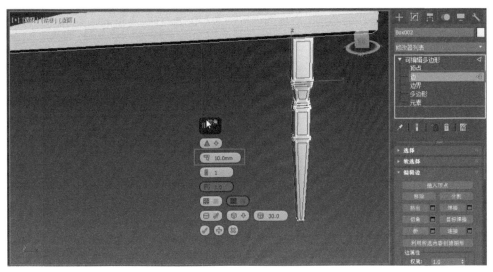

图 2-32　为桌腿添加切角

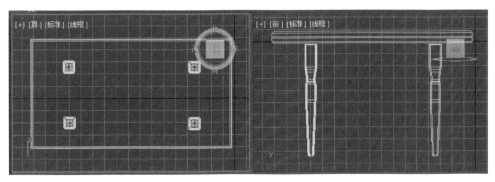

图 2-33　复制桌腿

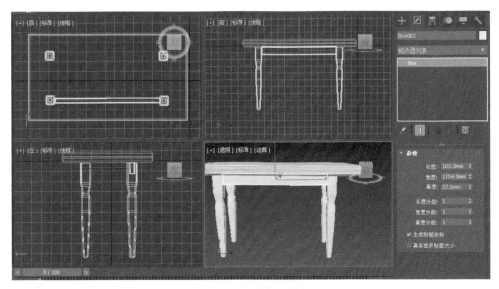

图 2-34　绘制餐桌挡板

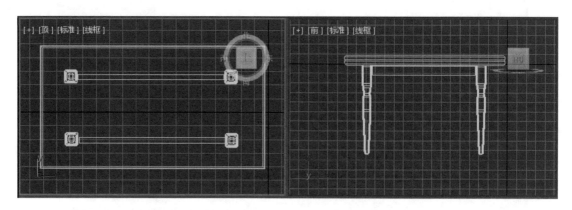

图 2-35 复制餐桌挡板

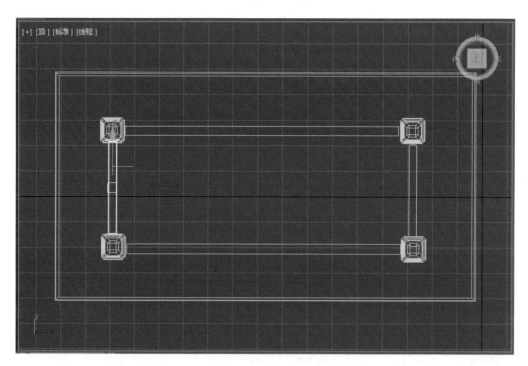

图 2-36 创建餐桌下面支撑物

知识链接

餐桌的形状对家居的氛围有一些影响。长方形的餐桌适用于较大型的聚会；而圆形餐桌具有民主气氛；不规则桌面，如"逗号"形状，则更适合两人的"小天地"使用，显得温馨自然；另有可折叠样式的，使用起来比固定式的更灵活。

任务评价

任 务 内 容	满 分	得 分
本项任务需在一课时内完成	10分	
桌腿的分割比例及形态是否美观	35分	
餐桌的倒角处理是否合理到位	20分	
桌腿和桌面的整体比例关系是否协调	35分	

学习情境 3　制作茶几

学习目标

▶ 利用"创建图形""可编辑样条线""挤出""壳"和"布尔"运算完成茶几的主体结构。

▶ 利用"可编辑多边形""切角"和"缩放"命令修饰茶几的细节。

情境描述

制作客厅中的玻璃茶几，如图2-37所示。

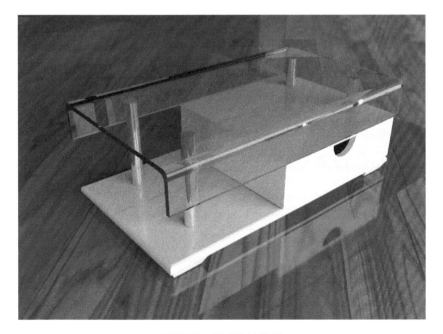

制作茶几

图2-37　完成的效果图

任务实施

一、制作茶几面

（1）启动3ds Max 2017软件，在"菜单栏"中单击"自定义"，选择"单位设置"，将单位设置为毫米，如图1-15所示。

（2）单击 ➕（创建）→单击 ⬡（图形）→单击 线 ，在前视图绘制出茶几的剖面，形态如图2-38所示。

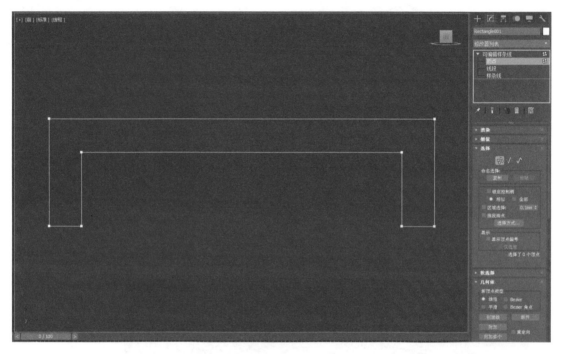

图2-38　绘制茶几剖面

（3）为了使茶几的尺寸更为准确，为它创建一个长方形参照物。单击 ➕（创建）→单击 ⬡（图形）→单击 矩形 ，尺寸形态如图2-39所示。参照此长方体调整尺寸，调整好后进行删除。

（4）单击 ⟳（修改）按钮，在"修改器列表"中选择"编辑样条线"，单击 ⬛（顶点）→单击 几何体 →单击 圆角 ，在前视图中调整茶几，其剖面图，如图2-40所示。

（5）单击"修改器列表"→选择"网格编辑"→单击"挤出"命令，对茶几的剖面进行挤压，效果如图2-41所示。

注意：如果挤压之后茶几的厚度形态不协调，仍可回到顶点级别继续调整。

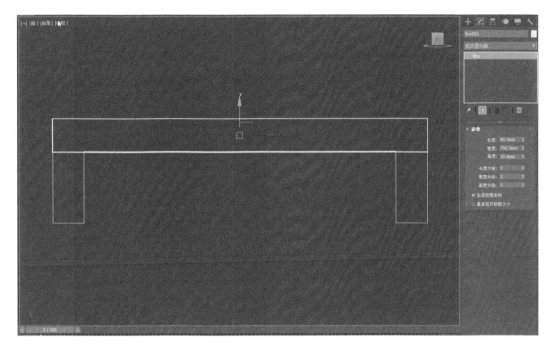

图 2-39　创建参照物

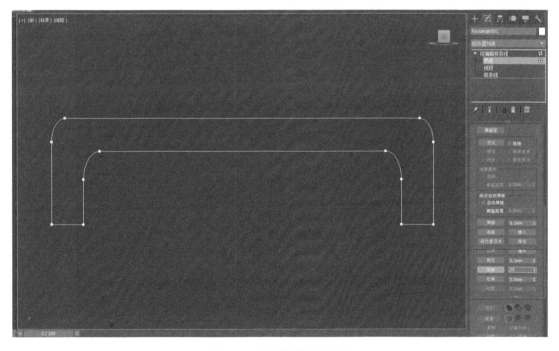

图 2-40　调整茶几剖面转角

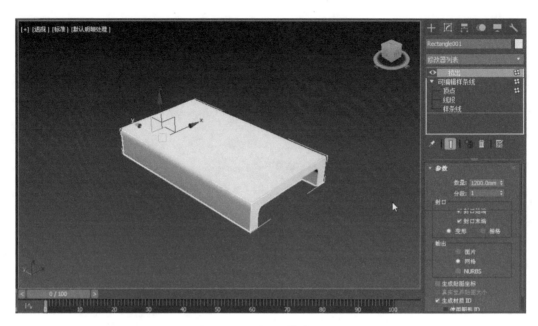

图 2-41　挤出立体茶几面

二、制作茶几的抽屉

（1）单击（创建）→单击（几何体）→单击标准基本体→单击长方体，创建长方体如图 2-42 所示。

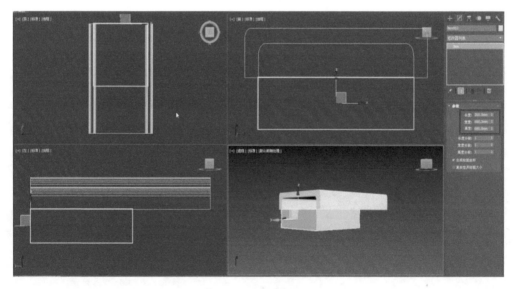

图 2-42　创建茶几装饰抽屉

（2）单击（修改）→选择"修改器列表"→选择"编辑多边形"，进入（多边形）层级别，在透视图中，选择长方体的一个面，使用 Delete 键进行删除，如图 2-43 所示。

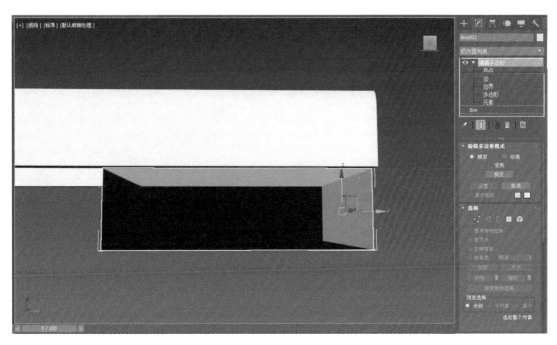

图 2-43 制作茶几装饰抽屉

（3）单击 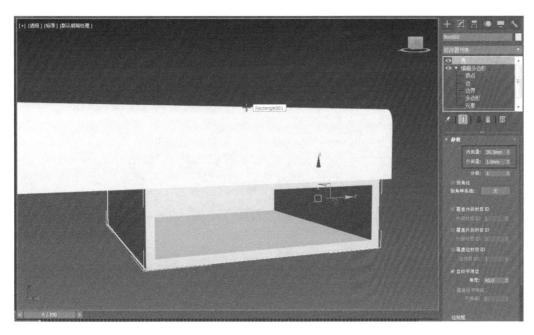（修改）→单击"修改器列表"→单击"壳"命令，设置参数如图 2-44 所示。

图 2-44 使用壳命令为抽屉制作厚度

（4）在左视图中，单击 **+**（创建）→单击 （图形）→单击 矩形 ，在图 2-45 所示位置绘制矩形。单击 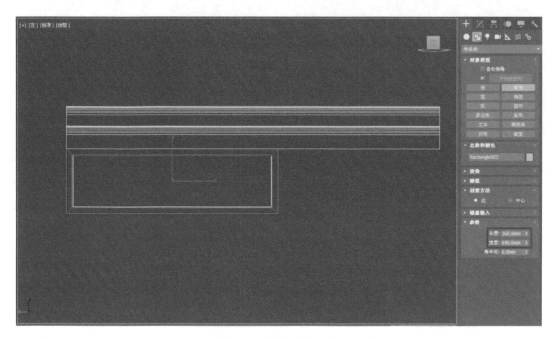（修改）→选择"修改器列表"→选择"编辑样条线"，再次单击 （修改）→选择"修改器列表"→单击"挤出"，挤出数量参数值设置如图2-46所示。

图2-45　制作抽屉面板

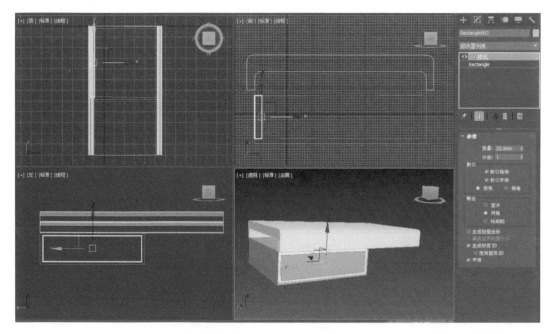

图2-46　为抽屉面板创建厚度

（5）在左视图中，单击 （创建）→单击 （几何体）→单击"标准几何体"→单击圆柱体，在如图 2-47 所示位置创建一个圆柱体。

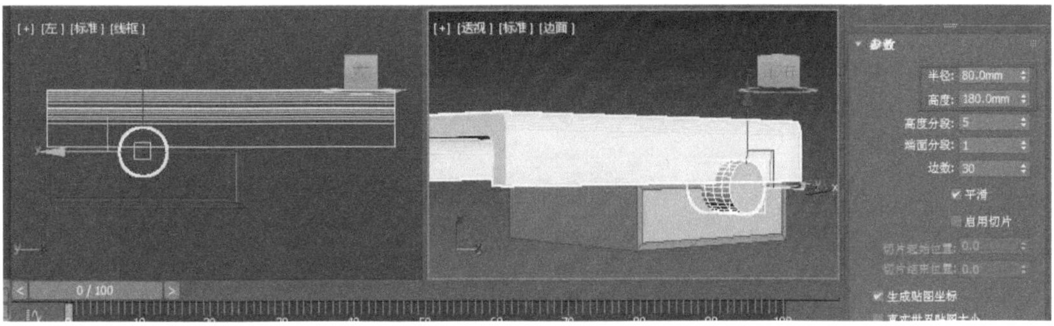

图 2-47　制作抽屉把手

（6）确认挤压出的矩形处于被选中状态，单击（创建）→单击（几何体）→单击“复合对象”→单击 布尔 →单击“添加操作对象”，在透视图中选择上一步中创建的圆柱体，单击“差集”，如图 2-48 所示。

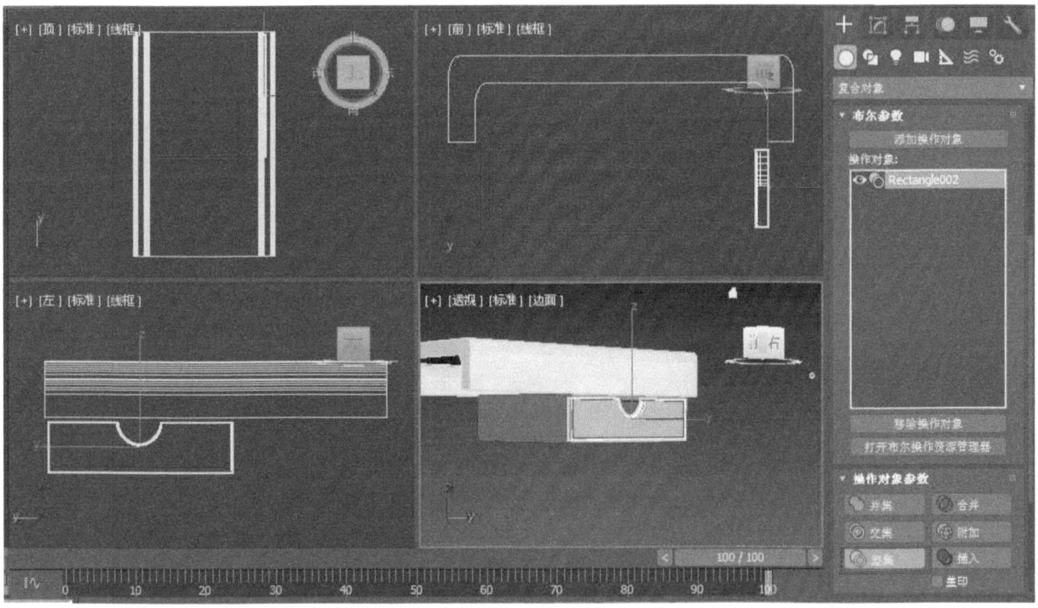

图 2-48　制作抽屉把手

三、制作茶几的底部

（1）单击（创建）→单击（几何体）→单击“标准几何体”→单击 长方体 ，在顶视图创建长方体，位置尺寸如图 2-49 所示。

（2）单击（修改）→选择“修改器列表”→选择“编辑多边形”→单击（边）按钮，选择长方体上部分的四个边，然后单击“编辑边”中 切角 按钮，对选择的边进行切角处理，切角量和变数设置数值如图 2-50 所示。为使边更平滑，可以按照上一步的数值设

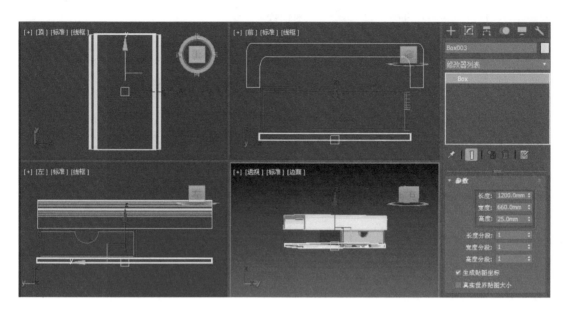

图 2-49　制作茶几底部

置重复两次切角命令，效果如图 2-51 所示。

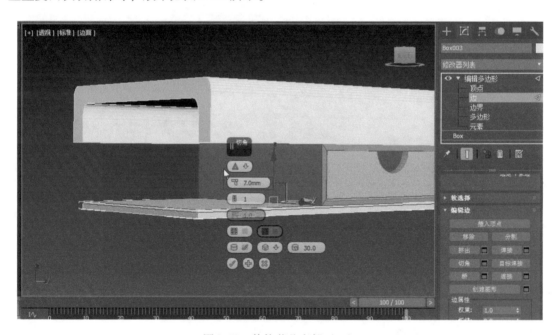

图 2-50　修饰茶几底部（一）

（3）在顶视图中，单击╋（创建）→单击⬤（几何体）→单击"标准几何体"→单击
圆柱体 创建圆柱体，位置大小如图 2-52 所示。进行实例复制，复制数量及位置如图 2-53
所示。然后，选择两个圆柱体，继续进行实例复制，并使用▣（缩放）命令对其进行高度
调整、位置大小调整如图 2-54 所示。

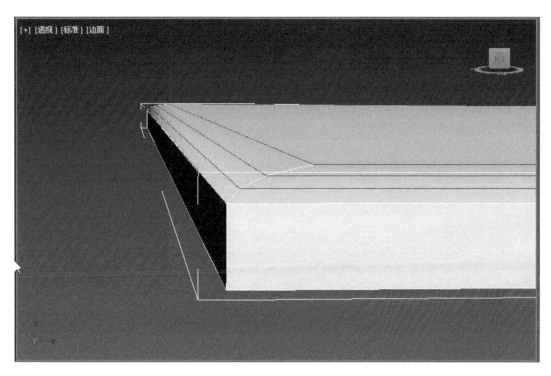

图 2-51　修饰茶几底部（二）

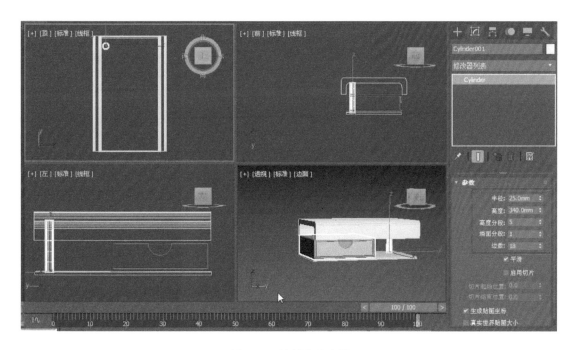

图 2-52　绘制茶几支撑

（4）在顶视图中，单击 ➕（创建）→单击 ⬤（几何体）→单击标准几何体→单击

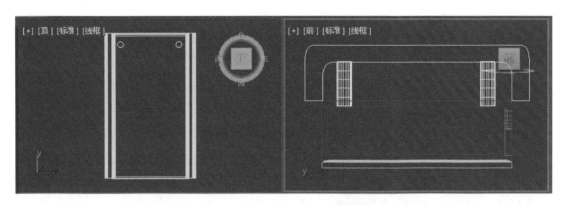

图 2-53　复制茶几支撑

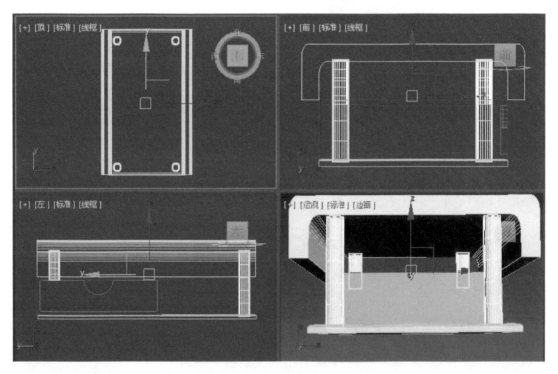

图 2-54　调整茶几支撑

　　长方体，创建一个长方体，如图 2-55 所示。右击"修改器列表"中"Box"按钮，在弹出的下拉菜单中选择"转换为:"→选择"可编辑多边形"，如图 2-56 所示。

　　（5）在透视图中，单击 　 （修改）→选择"修改器列表"→选择"编辑多边形"→单击 　 （边）按钮，使用 　 （缩放）命令，调整茶几脚的形态，如图 2-57 所示。复制其他茶几脚，如图 2-58 所示。

　　（6）在"菜单栏"中，单击"文件"选项中保存命令，将此模型保存为"茶几 . max"文件。

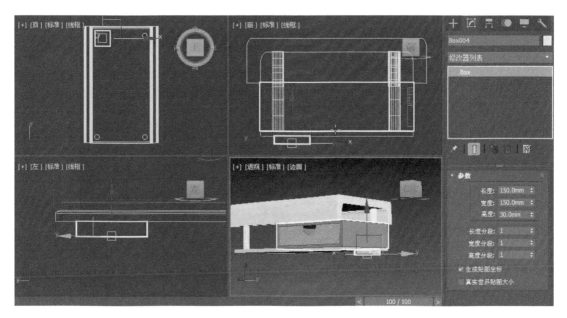

图 2-55　绘制茶几脚

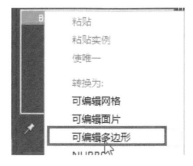

图 2-56　选择可编辑多边形

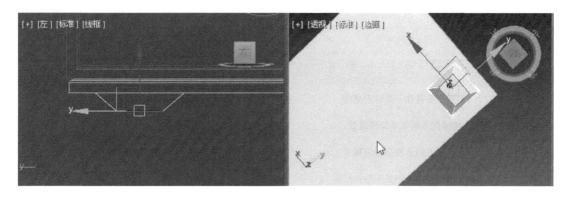

图 2-57　调整茶几脚

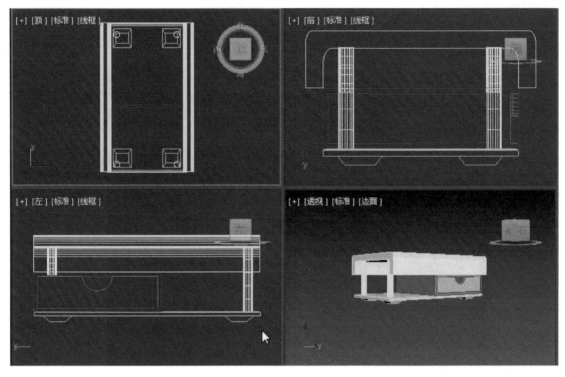

图 2-58 复制茶几脚

知识链接

(1) 茶几的造型、色彩不仅要与周边家具相协调，还要与整体的居室环境相一致。与其他家具色调统一、款式相近的茶几，能给居室带来和谐、惬意的空间感受。

(2) 造型方面，简练直线条的茶几是现代风格家居的首选，但是圆形、椭圆形、不规则的线条同样有其优势，这些曲线造型更贴合人体曲线，且不易伤及儿童。

任务评价

任务内容	满　分	得　分
本项任务需在一课时内完成	10 分	
抽屉把手的大小是否适度	35 分	
茶几面的造型是否美观	35 分	
茶几的整体的比例关系是否协调	20 分	

制作沙发

学习目标

◆ 利用创建样条线、挤出创建沙发扶手、靠背的基本体。

◆ 利用 FFD 修改器对沙发扶手、靠背和靠垫进行修改变形调整。

情境描述

制作放在客厅中的布艺沙发及其靠垫，如图 2-59 所示。

制作沙发

图 2-59　沙发效果图

任务实施

一、制作沙发的靠背和坐垫

（1）启动 3ds Max 2017 软件，在"菜单栏"中单击"自定义"，选择"单位设置"，将单位设置为毫米，如图 1-15 所示。

（2）使用放样的方法创建沙发的扶手和靠背。单击 ➕（创建）→单击 ▣（图形）→单击 线 ，在前视图绘制出沙发扶手的剖面，形态如图 2-60 所示。

（3）采用同样的方法，在顶视图借助矩形（尺寸 1250×3000）创建路径，如图 2-61 所示。

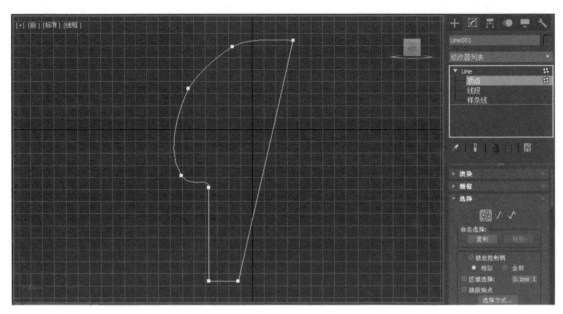

图 2-60　绘制沙发扶手截面

注意： 路径绘制时，绘制方向要按从左到右顺序进行绘制。

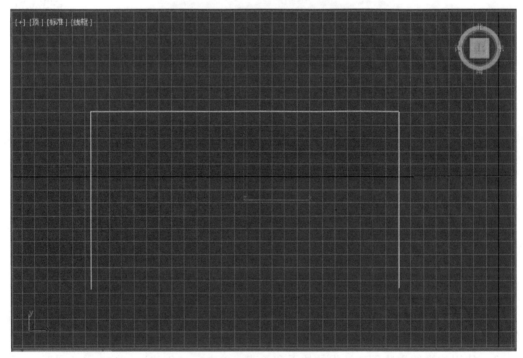

图 2-61　绘制沙发扶手放样路径

（4）在顶视图中，单击 ➕ （创建）→单击 ⬤ （几何体）→单击"复合对象"→单击 放样 ，选取绘制的沙发扶手的截面图，在控制面板单击"创建方法"→单击 获取路径 ，配合〈Ctrl〉键选取上一步中绘制的沙发放样路径，效果如图 2-62 所示。

注意：如果对放样出来的扶手形态不满意，仍然可以再次选择绘制的截面中的点层级进行形态的调整。

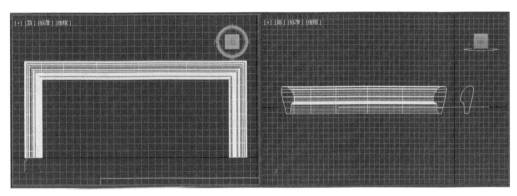

图 2-62　创建沙发扶手

（5）在顶视图中，选取放样的沙发扶手模型将其转化为"可编辑多边形"，然后单击 ⬚（修改）→选择"可编辑多边形"→选择 ◁（边）层级，选择沙发扶手的边，如图 2-63 所示。单击 切角 按钮，设置切角值如图 2-64 所示。沙发的另一边扶手做同样处理，使沙发的扶手侧面变得圆滑。

注意：配合 Ctrl 和 Alt 键完成沙发扶手边的选择。

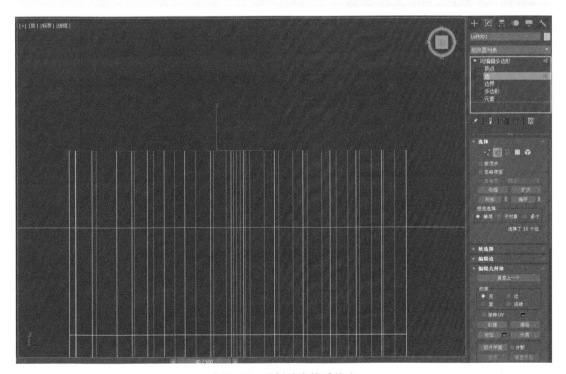

图 2-63　选择沙发扶手的边

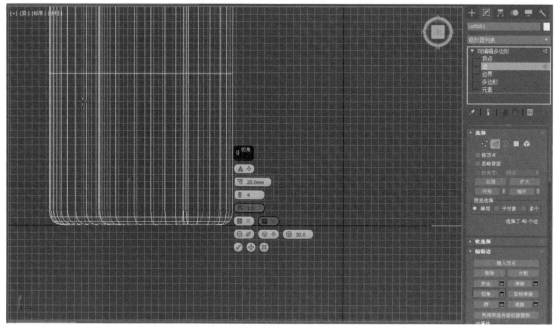

图 2-64　为边添加切角效果

（6）在顶视图中，单击 ➕（创建）→单击 ⬤（几何体）→单击"扩展基础体"→单击 切角长方体 ，创建沙发坐垫，并配合 shift 键拖动进行实例复制，位置大小如图 2-65 所示。然后单击 ➕（创建）→单击 ⬤（几何体）→单击"标准基础体"→单击 长方体 ，创建沙发底部的坐垫，位置大小如图 2-66 所示。

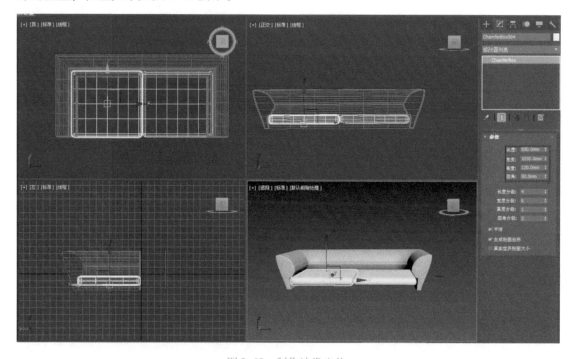

图 2-65　制作沙发坐垫

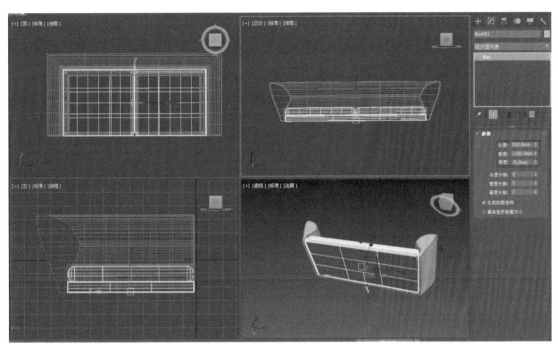

图 2-66　制作沙发底部坐垫

二、制作沙发的底部和沙发脚

（1）在顶视图中，单击 ➕ （创建）→单击 ◯ （几何体）→单击 "标准基本体" →单击 圆柱体 ，创建圆柱体，位置如图 2-67 所示。

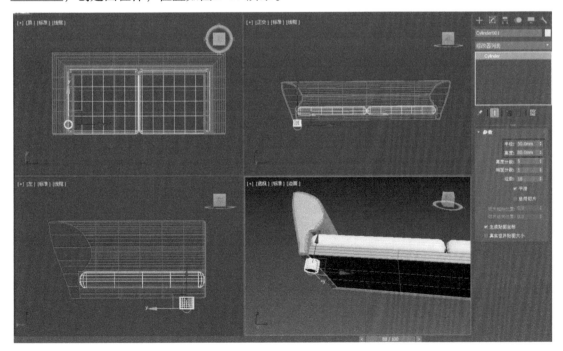

图 2-67　制作沙发脚

（2）在透视图中，选择创建的圆柱体，并将其转化为"可编辑多边形"，进入 ■（面）层级，单击 可编辑多边形 选项→单击 倒角 命令，使沙发脚圆滑，如图 2-68 所示。然后在顶视图中，对其进行复制。位置效果如图 2-69 所示。

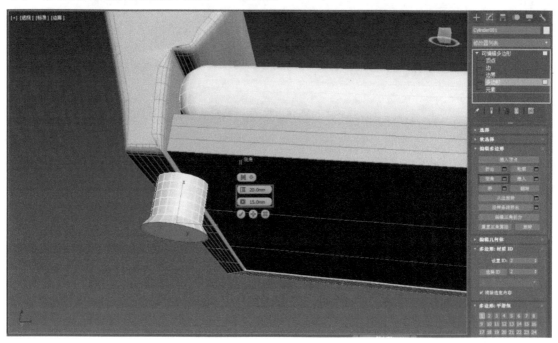

图 2-68　调整沙发脚

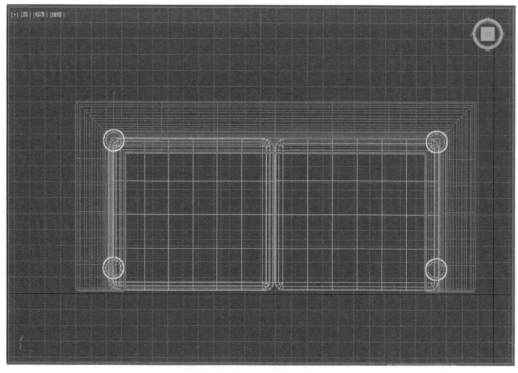

图 2-69　复制沙发脚到合适的位置

三、制作沙发靠垫

（1）在顶视图中，单击 （创建）→单击 ◯（几何体）→单击"标准基本体"→单击 长方体 ，创建长方体，如图 2-70 所示。

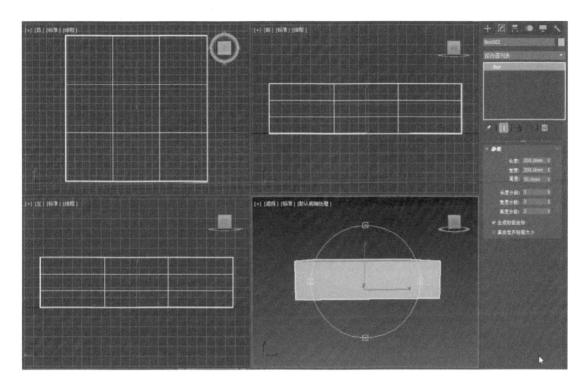

图 2-70　创建靠垫基本形态

（2）单击 （修改）→选择"修改器列表"→选择"网格平滑"，然后将"细分量"选项中"迭代次数"设置为"2"，效果如图 2-71 所示。

（3）在前视图中，单击 （修改）→选择"修改器列表"→选择"网格平滑"单击 命令，选择长方体两侧的节点，配合工具栏中的 （缩放）命令，沿"y"轴进行挤压，调整靠垫的形态，如图 2-72 所示。

（4）在左视图中，使用同样的方法选择长方体两侧的节点，进行挤压缩放，如图 2-73 所示。

（5）继续使用同样的方法，在顶视图中选择如图 2-74 所示节点，对其进行"x"轴和"y"轴的同时挤压缩放，效果如图 2-74 所示。

（6）在透视图中，对靠垫进行复制调整，效果如图 2-75 所示。

（7）在"菜单栏"中单击"文件"选项中"保存"命令，将此模型保存为"沙发.max"文件。

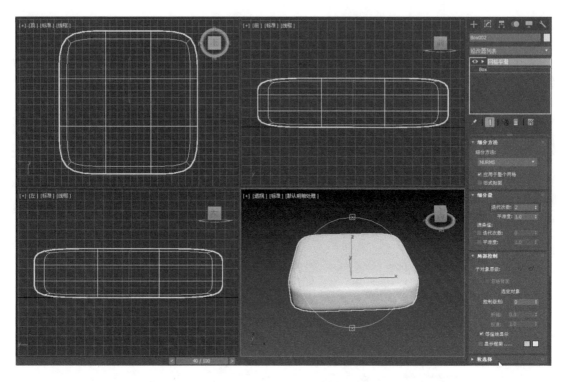

图 2-71　调整靠垫基本形态

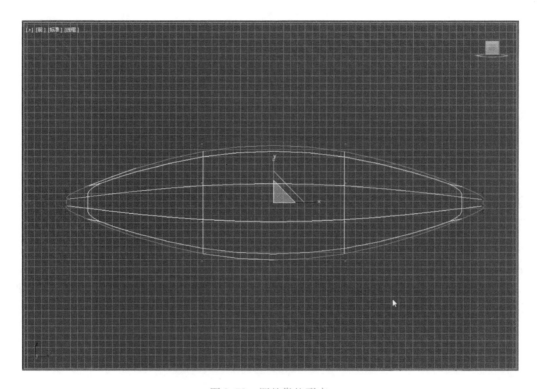

图 2-72　调整靠垫形态

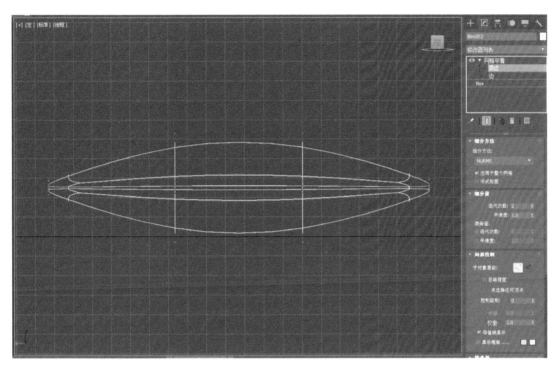

图 2-73　继续调整靠垫形态

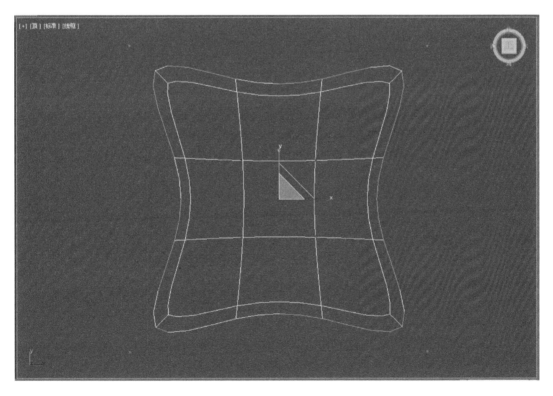

图 2-74　调整靠垫形态

图 2-75　复制靠垫

知识链接

（1）沙发分单座位、两个座位和三个座位，可做不同的排列组合，因此设计沙发时，须先考虑客厅空间和用途，然后按照整体设计挑选合适的配搭。

（2）沙发因其风格及样式的多变，很难有一个绝对的尺寸标准。不过，可见一些常规尺寸：

1）沙发的扶手一般高 560 ~600mm。

2）单人式：长度为 800 ~950mm，深度为 850 ~900mm；座高为 350 ~420mm；背高为 700 ~900mm。

3）双人式：长度为 1260 ~1500mm；深度为 800 ~900mm。

4）三人式：长度为 1750 ~1960mm；深度为 800 ~900mm。

5）四人式：长度为 2320 ~2520mm；深度为 800 ~900mm。

任务评价

任 务 内 容	满　　分	得　　分
本项任务需在一课时内完成	10 分	
靠垫的造型是否美观	30 分	
沙发扶手的形态是否美观	35 分	
沙发和靠垫摆放是否舒适	10 分	
沙发和靠垫的比例关系是否协调	15 分	

拓展园地

鲁班生活在春秋末期到战国初期，出身于世代工匠的家庭，从小就跟随家里人参加过许多土木建筑工程劳动，他是我国古代的一位出色的发明家，两千多年来，他的名字和有关他的故事，一直在广大人民群众中流传。我国的土木工匠们都尊称他为祖师。据史料记载，鲁班的发明有很多，木工工具有锯子、曲尺、墨斗、刨子等，古代兵器有云梯和钩强，农业机具有砻、磨、碾子，而每一项发明都是鲁班在生产实践中得到启发，经过反复研究、试验得到的。

鲁班精神正是工匠精神，包含了手脑并用，学做合一，创新创造，精益求精，是早期质量意识、规矩规范的体现。

VRay 材质及灯光的应用

项目三　墙面材质的设置

项目概述

　　一部好的作品，质感表现非常重要。不同的物体对光的折射、吸收和反射等不同，质感也就不同。可见，物体的质感是由其物理参数决定的。3ds Max 2017 中的材质编辑器是进行材质参数设置的工具，在结合 VRay 3.6 渲染器的渲染后，就可以表现各种材质。

　　在室内效果图设计中，根据场景的组成，我们可以把材质大致分为墙面材质、地面材质和家具材质三大类。其中，常见的墙面材质有乳胶漆材质、壁纸材质和墙砖材质等。

　　本项目以 VRay 3.6 为基础，通过分析不同墙面材质的物理参数，引导读者学习墙面材质的参数设置。

学习情境 1　乳胶漆材质的设置

学习目标

> 掌握 VRay 3.6 渲染器的工作流程。

> 熟练掌握材质编辑器的使用方法。

> 准确掌握材质编辑器常用参数的作用。

> 熟练掌握乳胶漆材质的参数设置。

情境描述

　　在所给场景内，给墙面设置乳胶漆材质，如图 3-1 所示。

任务实施

　　VRay 材质部分，是 VRay 3.6 重要的组成元素，具有专门的材质和贴图类型，以适应 VRay 渲染器，从本任务开始，将为大家讲解 VRay 材质设置的基础知识。

　　一、设置 VRay 3.6 渲染器

　　在 3ds Max 中，默认使用的渲染器为扫描线渲染器，在使用 VRay 3.6 之前，必须把

VRay 3.6 设置为当前使用的渲染器。

乳胶漆材质
的设置

图 3-1 乳胶漆材质效果图

（1）运行 3ds Max 2017，按下 F10 键，打开"渲染设置"对话框，如图 3-2 所示。

（2）向上滚动鼠标滑动条，找到并单击"指定渲染器"按钮将其卷展栏展开，如图 3-3所示。

图 3-2 打开渲染设置对话框   图 3-3 展开指定渲染器卷展栏

（3）单击"产品级："后面的 ▦ 按钮，选择"V-Ray Adv 3.60.03"，再单击"确定"按钮，完成"产品级"渲染器的设置，如图 3-4 所示。

（4）采用与第 3 步同样的方法，单击"ActiveShade："后面的 ▦ 按钮，选择"V-Ray RT 3.60.03"，再单击"确定"按钮，完成"ActiveShade"渲染器的设置。渲染器设置结果如图 3-5 所示。

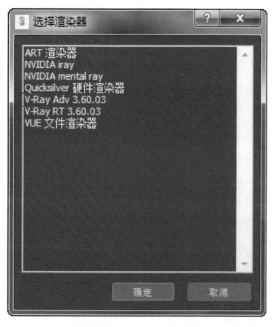

图 3-4　指定"V-Ray Adv 3.60.03"渲染器　　　　图 3-5　渲染器设置结果

（5）单击"保存为默认设置"按钮，保存指定的渲染器。

二、给墙面设置乳胶漆材质

（1）运行 3ds Max 2017，打开场景文件中"第二篇　VRay 材质设置及灯光的应用\项目三　墙面材质的设置\学习情境 1　乳胶漆材质的设置\模型\卧室场景（乳胶漆）．max"文件，该场景使用了默认的扫描线渲染器，场景中除墙面材质未设置好，其他材质已经设置好，包括灯光和物理相机，如图 3-6 所示。

（2）按键盘上的 M 键或者单击"工具栏"中 ▦ 按钮（材质编辑器），打开"Slate 材质编辑器"对话框，如图 3-7 所示。

（3）选择"模式"菜单下的"精简材质编辑器…"，并打开，如图 3-8 所示。

提示： 也可以通过3ds Max的工具栏直接打开精简材质编辑器。单击"工具栏"的按钮拖住不放，并向下滑动鼠标，使▣按钮处于按下状态，这时松开鼠标，同样能够打开精简材质编辑器。

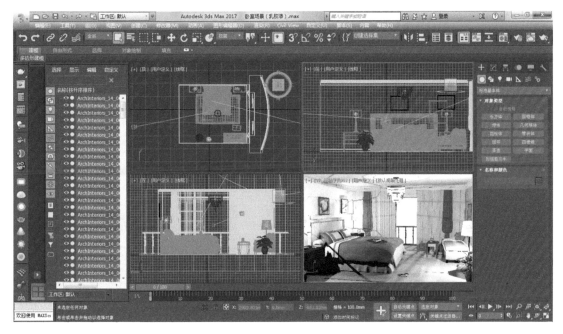

图3-6 "卧室场景（乳胶漆）．max"场景

（4）选中其中一个未使用过的材质球，作为当前材质球，这时材质球四周就出现正方形白色边框，如图3-9所示。

（5）在 VRayMtl 按钮前面的文本框中输入"乳胶漆"，将材质命名为"乳胶漆"，如图3-10所示。

（6）选中场景中的墙，单击"材质编辑器"工具栏中的 按钮，将"乳胶漆"材质赋予场景中的墙上。

（7）在"基本参数"卷展栏中，单击"漫反射"后面的方框 ，出现"颜色选择器：漫反射"对话框，设置颜色为"R245/G245/B245"，如图3-11所示。

提示1： 乳胶漆的颜色由漫反射的颜色决定，设置其他颜色的乳胶漆只需修改漫反射的颜色即可。

提示2： 为了让墙面渲染得更白，可把漫反射颜色设置成略带蓝色（R241/G245/B255）。

（8）单击"反射"后面的方框 ，出现"颜色选择器：反射"对话框，设置颜色为"R23/G23/B23"，如图3-12所示。

图 3-7　Slate 材质编辑器对话框

提示 1：设置"反射"显示窗内的颜色，使材质具有反射效果。乳胶漆有较少的反射，因此反射颜色设置为"R23/G23/B23"。

提示 2：VRay 使用颜色来控制材质的反射强度，这与 3ds Max 的"光线跟踪"材质类型较为相似，颜色越浅，反射的效果就越强。

（9）设置"高光光泽度"为"0.25"，如图 3-13 所示。

（10）滚动鼠标滑动条，直到出现"选项"卷展栏。单击"选项"卷展栏的 ▸ **选项** 按钮，将其展开，取消"跟踪反射"的选择。这样就关闭了光线的跟踪反射，使渲染出的墙面不影响真实感，渲染速度也更快，如图 3-14 所示。

（11）按〈F9〉键或单击 3ds Max 2017"工具栏"中的 按钮，对"VR-物理相机 002"视图进行渲染，最终渲染效果如图 3-1 所示。

图 3-8　精简材质编辑器

图 3-9　当前材质球

图 3-10　给材质命名

提示：油漆材质可分为光亮油漆和无光油漆。

　　材质分析：光亮油漆表面光滑，反射衰减较小，高光小；无光油漆（如乳胶漆）表面有些粗糙，有凹凸。以下参数设置可供参考：

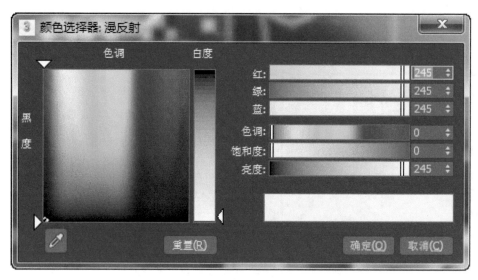

图 3-11　设置漫反射颜色

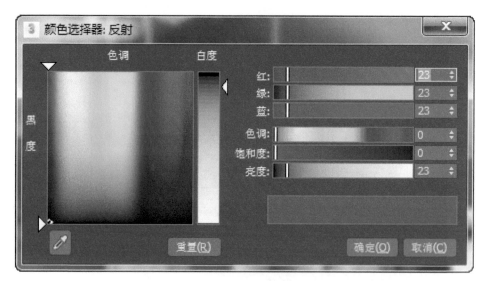

图 3-12　设置反射颜色

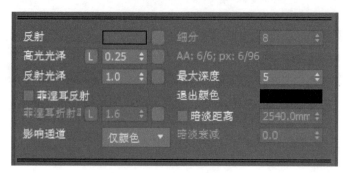

图 3-13　设置高光光泽度

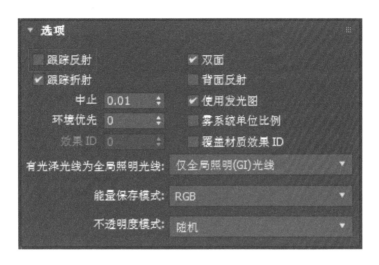

图 3-14 关闭跟踪反射

1. 光亮油漆

漫反射：漆色；反射：15；高光光泽度：0.88；反射光泽度：0.98；凹凸：1%，Noise 贴图。

2. 乳胶漆材质

漫反射：漆色；反射：23；高光光泽度：0.25；反射光泽度：1；取消"跟踪反射"。

知识链接

分析乳胶漆材质的各项参数

首先，需要分析墙面材质的物理属性。远距离观察墙时，墙面比较平整，颜色比较白；靠近时，可发现墙面有很多不规则的凹凸和刷印，这是刷子涂抹时留下的印迹，是不可避免的。由此可得出关于墙面材质的结论：颜色比较白（自然界中，完全反光的物体，其颜色是白色；完全吸光的物体，其颜色是黑色），表面有点粗糙，有刷迹，有凹凸。

根据上述特点，对乳胶漆材质进行设置。设置漫反射颜色 RGB 均为"245"，这是因为墙面不可能全部反光，它不是纯白色。越光滑的物体高光越小，反射越强；越粗糙的物体高光越大，反射越弱。由于墙体表面有些粗糙，所以墙面的高光比较大。再设置反射通道的颜色均为"23"，来表现出物体反射比较弱的特征；同时将高光光泽度的值设置为"0.25"，来表现出物体高光比较大的特征。

在"选项"面板中，可以关闭"跟踪反射"，只让它有高光没有反射。这样设置既得到了所需的效果，又提高了渲染的速度。

在"贴图"卷展栏下的通道里，实际上是需要给"凹凸"通道指定贴图，用来表现墙面的不平。但大多时候，并不需要表现出墙面的细节，所以这里不再指定贴图。

任务评价

任 务 内 容	满　分	得　分
本项任务需在两课时内完成	20 分	
学会使用 VRay 3.6 渲染器	10 分	
正确分析乳胶漆材质的各项参数	10 分	
设置墙面乳胶漆材质	60 分	

学习情境 2 ▶ 壁纸材质的设置

学习目标

> 熟练掌握常见壁纸材质的物理属性。

> 熟练使用材质编辑器设置壁纸材质的各项相关参数。

情境描述

为所给场景设置壁纸材质，如图 3-15 所示。

壁纸材质的
设置

图 3-15　壁纸材质效果图

任务实施

一、壁纸的物理属性

（1）表面肌理相对粗糙。

（2）没有反射。

（3）高光相对较大。

二、根据壁纸的物理属性设置各项参数

（1）运行 3ds Max 2017，打开场景文件中"第二篇　VRay 材质设置及灯光的应用\项目三　墙面材质的设置\学习情境2　壁纸材质的设置\模型\卧室场景（壁纸）．max"文件，如图 3-16 所示。

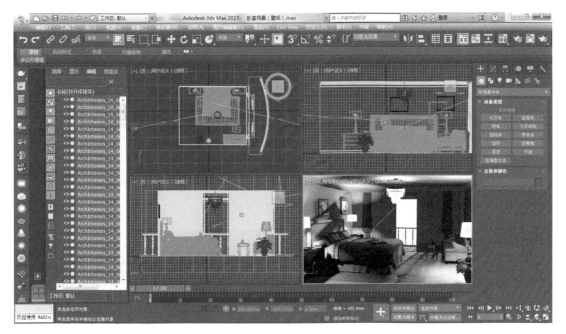

图 3-16　"卧室场景（壁纸）．max"场景

（2）按 M 键，打开"材质编辑器"对话框。单击其中一个未使用过的材质球，作为当前材质球，将其命名为"壁纸"，如图 3-17 所示。

图 3-17　给材质命名

（3）选中场景中的墙，将"壁纸"材质赋予场景中的墙。

（4）在"基本参数"卷展栏中，单击"漫反射"后的 ▇（贴图）按钮，出现"材质/贴图浏览器"，如图 3-18 所示。

（5）单击"标准"卷展栏 +贴图 按钮，并找到 ▇衰减 贴图，如图 3-19 所示。

（6）双击 ▇衰减 按钮，给"漫反射"添加"衰减"贴图。在"衰减参数"的"前：

图 3-18　材质/贴图浏览器

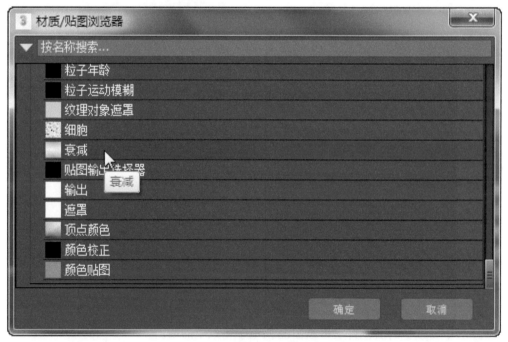

图 3-19　定位衰减贴图

侧"栏中，"衰减类型"选择"垂直/平行"；"衰减方向"选择"查看方向（摄像机 Z 轴）"，如图 3-20 所示。

（7）在"衰减参数"的"前：侧"栏中，双击 无 按钮，弹出"材

图 3-20 设置衰减参数

质/贴图浏览器"卷展栏，找到 █位图 选项，如图 3-21 所示。

图 3-21 定位位图贴图

（8）双击 █位图 按钮，出现"选择位图图像文件"对话框。定位到壁纸的位图贴图文件，如图 3-22 所示。

（9）单击"打开"按钮，出现如图 3-23 所示的"图像文件列表控制"对话框，点击"确定"按钮，这时就添加了"位图"贴图。在"坐标"卷展栏中，设置"模糊"值为"0.1"，如图 3-24 所示。

（10）连续两次单击 █ （转到父对象）按钮，返回材质编辑器"基本参数"卷展栏。单击"反射"后面的 █████ 按钮（颜色设置框），设置壁纸材质的反射颜色 RGB 均为"20"。单击"确定"按钮，返回"基本参数"卷展栏，设置反射项的"反射光泽"值为"0.66"，"细分"值为"12"，如图 3-25 所示。

图 3-22　选择贴图文件

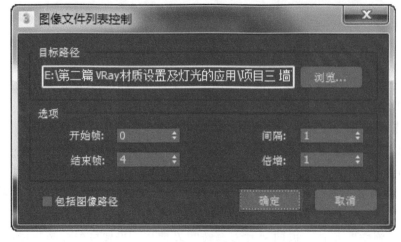

图 3-23　图像文件列表控制对话框

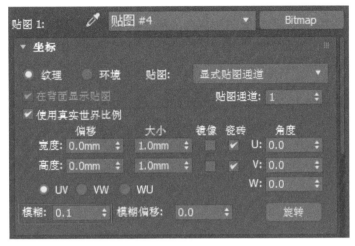

图 3-24　设置模糊值

图 3-25　基本参数设置

提示：如果反射（或折射）"细分"显灰色，不能设置，则打开"渲染设置"对话框中"VRay"选项卡下的"全局 DMC"卷展栏下面的"使用局部细分"，就能设置"细分"值了，如图 3-25 所示。

（11）选中场景中的墙，给墙添加"UVW 贴图"修改器，具体参数设置如图 3-26 所示。

图 3-26　UVW 贴图参数设置

（12）按 F9 键或单击 3ds Max 2017"工具栏"中的 按钮，对"VR-物理相机 002"视图进行渲染，最终渲染效果如图 3-15 所示。

知识链接

（1）材质的设置方法不是唯一的，只要抓住材质的基本物理属性，多次进行参数测试，就能得到满意的结果。

（2）纸和壁纸材质参数设置，有如下经验值供参考使用：

漫反射：壁纸贴图；反射：RGB 值设为"30"；高光光泽度：关闭；反射光泽度：0.5；最大深度：1（这样设置反射更亮）；取消光线跟踪复选框。

任务评价

任务内容	满　分	得　分
本项任务需在两课时内完成	20 分	
分析壁纸的物理属性	20 分	
根据壁纸的物理属性设置各项参数	60 分	

学习情境3　墙砖材质的设置

学习目标

▷ 熟练掌握常见墙砖材质的物理属性。

▷ 熟练使用材质编辑器设置墙砖材质的各项参数。

情境描述

为所给场景设置墙砖材质，如图 3-27 所示。

图 3-27　墙砖材质效果图

墙砖材质的设置

任务实施

一、墙砖的物理属性

（1）表面肌理比较光滑。

（2）有一定反射。

（3）有的墙砖有贴图纹理。

二、根据墙砖的物理属性设置各项参数

（1）运行 3ds Max 2017，打开场景文件中"第二篇　VRay 材质设置及灯光的应用\项目三　墙面材质的设置\学习情境 3　墙砖材质的设置\模型\卫生间-墙砖材质 . max"文件，如图 3-28 所示。

（2）按下 M 键，打开"精简材质编辑器"，单击其中的一个未使用过的材质球，作为当前材质球。单击 Standard 按钮，弹出"材质/贴图浏览器"对话框。在"材质/贴图浏

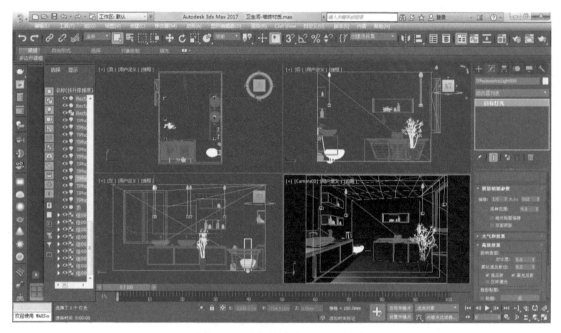

图 3-28 "墙砖材质.max" 场景

览器"对话框中，定位到 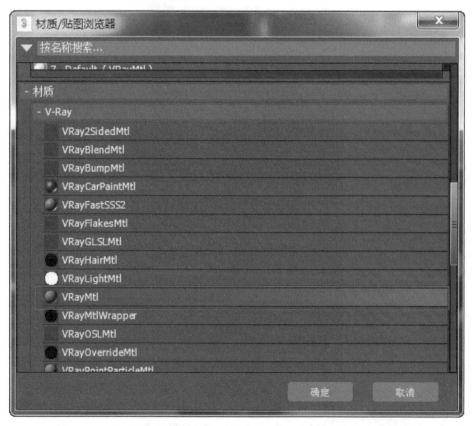 选项，如图 **3-29** 所示。

图 3-29 定位 VRayMtl 材质

（3）双击  VRayMtl 按钮，"VRayMtl"材质就替换了"Standard"标准材质，在

VRayMtl 按钮前面的文本框中输入"墙砖"，将材质命名为"墙砖"，如3-30所示。

图 3-30　给墙砖材质命名

（4）选中场景中的墙，单击"材质编辑器"工具栏中的 按钮，将"墙砖"材质赋予场景中的墙上。

（5）在"基本参数"卷展栏中，单击"漫反射"后面的 （贴图）按钮，弹出"材质/贴图浏览器"对话框。在"材质/贴图浏览器"对话框中，定位到 位图 选项，如3-31所示。

图 3-31　定位位图贴图

（6）双击 位图 按钮，弹出"选择位图图像文件"对话框。定位到墙砖的纹理贴图文件，即"868. jpg"选项，如图3-32所示。

给"漫反射"添加的墙砖纹理贴图如图3-33所示。

（7）单击"打开"按钮（或者双击"868. jpg"），这时就给"漫反射"添加了"位图"

图 3-32 选择位图图像文件

贴图。在"位图"贴图的"坐标"卷展栏中，设置"模糊"值为"0.1"，如图 3-34 所示。

（8）单击 （转到父对象）按钮，返回材质编辑器"基本参数"卷展栏。在"基本参数"卷展栏中，单击"反射"后面的 （贴图）按钮，找到 衰减 选项，给反射添加"衰减"贴图。设置"衰减参数"的"衰减类型"为"Fresnel"，"衰减方向"为"查看方向（摄影机 Z 轴）"，如图 3-35 所示。

图 3-33 墙砖的纹理贴图

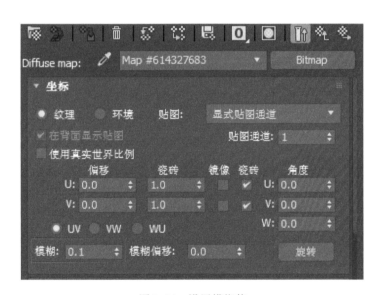

图 3-34 设置模糊值

（9）单击 （转到父对象）按钮，返回材质编辑器"基本参数"卷展栏。设置"反射光泽"度为"0.92"，"细分"值为"24"，如图 3-36 所示。

（10）按下右侧的滑块向下滑动，定位到"贴图"卷展栏。把"漫反射"通道的贴图拖动到"凹凸"贴图通道，出现"复制（实例）贴图"对话框，选择"实例"选项，如图 3-37 所示。单击"确定"按钮，如图 3-38 所示，将凹凸数值设置为"25"。

（11）选中场景中的墙，给墙添加"修改器列表"中的"UVW 贴图"修改器，具体参数设置如图 3-39 所示。

图 3-35　设置衰减参数

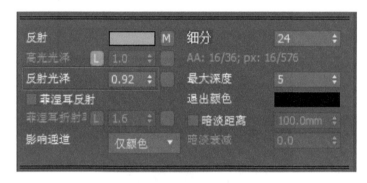

图 3-36　基本参数卷展栏

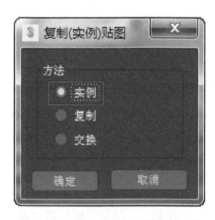

图 3-37　复制（实例）贴图卷展栏

（12）渲染 "Camera 02" 视图，渲染效果如图 3-40 所示。

（13）观察墙面，发现与地面和天花板相接的墙砖都是半块的，这不符合施工要求。我们可以通过调整墙砖贴图坐标的位置，使其更合理，符合施工要求。选择场景中的 "墙"对象，再选择 "修改" 面板，单击 "UVW 贴图" 前面的 ▶ 按钮，展开 "UVW 贴图" 的子项，单击其子项 "Gizmo"，如图 3-41 所示。

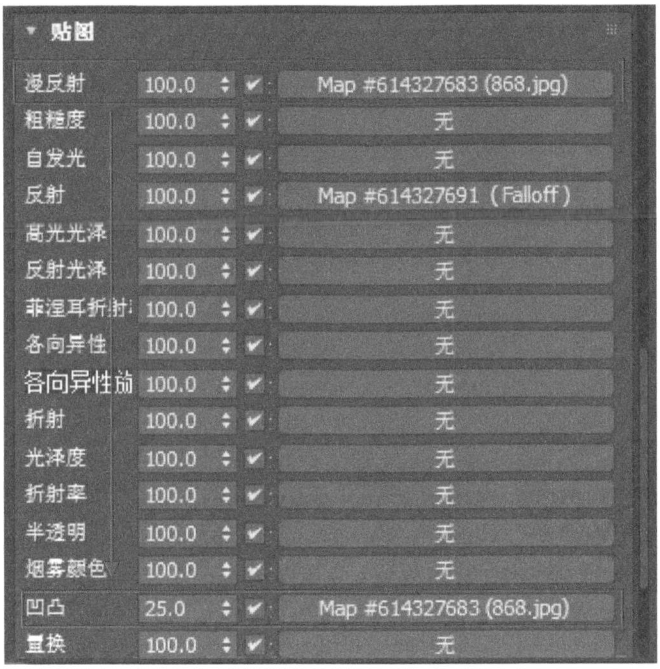

图 3-38　贴图卷展栏

图 3-39　设置 UVW 贴图

图 3-40　Camera 02 视图的渲染效果图

图 3-41　单击 Gizmo 子项

（14）这时，视图中出现一个黄色的长方体，这就是"Gizmo"，如图 3-42 所示。

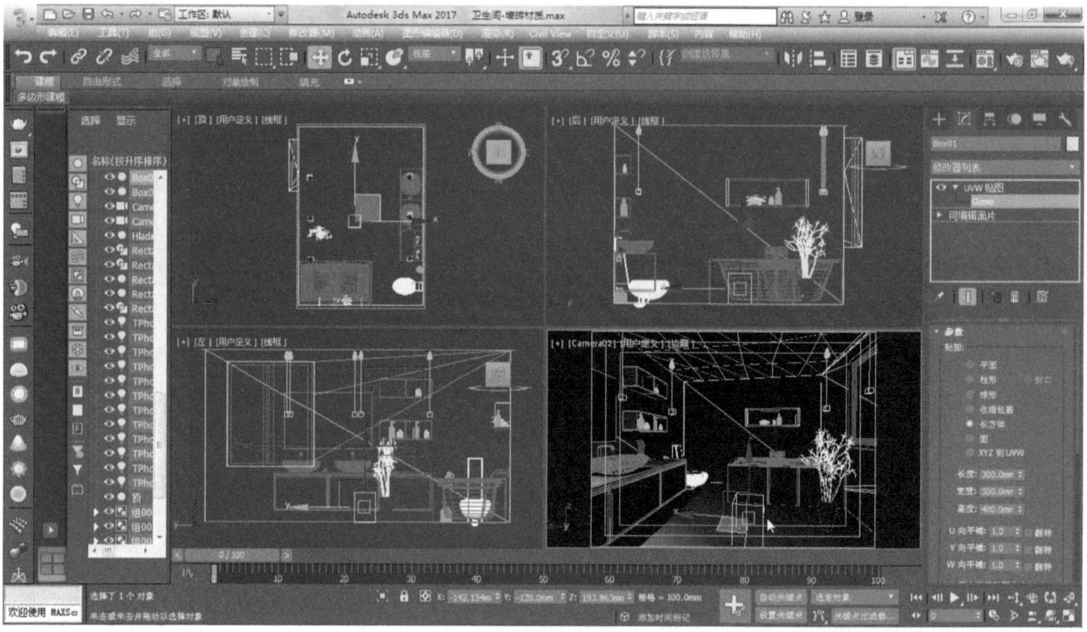

图 3-42　视图中的 Gizmo

（15）"Gizmo"的大小是由"长度""宽度"以及"高度"参数决定。我们可以通过调整"Gizmo"的大小参数，再结合在视图中调整"Gizmo"的位置，来调整贴图大小和位置。这种调整方法虽然改变了墙砖的大小，但在效果图的设计中是被允许的。

（16）渲染"Camera 02"视图，最终渲染效果如图 3-27 所示。

知识链接

墙砖种类较多，有的墙砖表面相对光滑，反射很细腻；有的墙砖表面相对粗糙。表面属性不同，设置方法也不同。下面提供两种设置方法供参考。

1. 表面相对光滑的墙砖材质

在"漫反射"贴图通道里放置一张墙砖贴图，用来模拟现实生活中墙砖的图案和色彩。高光值为"0.85"，光泽度设为"0.88"，细分设为"15"，反射次数只设置为"2"。

在反射通道加衰减，方式为菲涅尔，设一通道色为黑色，二通道色为淡蓝色。

在凹凸通道里加一张凹凸贴图来模拟墙砖的凹凸，数值为"5"。

2. 表面相对粗糙的墙砖材质

在漫反射通道里放置一张贴图，设模糊值为"0.1"，让其更清晰。反射颜色为"80"，在反射通道加衰减贴图，方式为菲涅尔，将高光大小设置为"0.65"（值越小高光越大），细分为"20"。

在凹凸通道里加一张凹凸贴图来模拟墙砖的凹凸，数值为"50"，模糊值为"0.15"。

任务评价

任务内容	满　分	得　分
本项任务需在两课时内完成	20分	
分析墙砖的物理属性	20分	
根据不同墙砖的物理属性设置不同参数	60分	

项目四 地面材质的设置

项目概述

　　地面材质常见的有石材材质、木地板材质和地毯材质等。本项目以 VRay 3.6 为基础，通过分析不同地面材质的物理参数，引导读者学习地面材质的参数设置。

学习情境 1 石材材质的设置

学习目标

▶ 熟练掌握石材材质的物理属性。

▶ 熟练掌握石材材质的参数设置。

情境描述

　　为所给场景设置石材材质，如图 4-1 所示。

图 4-1　石材材质效果图　　　　　　　　　　　　　　石材材质的设置

任务实施 ➤

一、大理石材质的物理属性（本任务以大理石为例）

（1）表面较光滑，有反射。

（2）高光较小。

二、根据大理石的物理属性设置各项参数

（1）运行 3ds Max 2017，打开场景文件中"第二篇　VRay 材质设置及灯光的应用\项目四　地面材质的设置\学习情境 1　石材材质的设置\模型\卧室场景（石材）.max"文件，如图 4-2 所示。

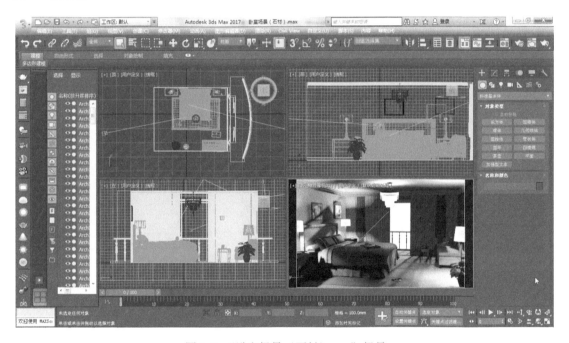

图 4-2　"卧室场景（石材）.max"场景

（2）单击"工具栏"的 ![材质编辑器] （材质编辑器）按钮，打开"精简材质编辑器"，单击其中的一个未使用过的材质球，作为当前材质球。

（3）在 [VRayMtl] 按钮前面的文本输入框中输入"石材"，将材质命名为"石材"。选中场景中的地面，将"石材"材质赋予场景中的地面对象。

（4）操作方法同"项目三　墙面材质\学习情境 3：墙砖材质的设置"第（5）—（12）步。所不同的包括以下几项：

1）给"漫反射"添加石材纹理贴图如图 4-3 所示。

2）"基本参数"卷展栏"反射"选项参数设置如图 4-4 所示。

3）给地面添加的"UVW 贴图"修改器的具体参数设置如图 4-5 所示。

（5）渲染"VR-物理相机 002"视图，最终渲染效果如图 4-1 所示。

图 4-3　石材纹理贴图

图 4-4　基本参数卷展栏

图 4-5　设置 UVW 贴图

知识链接

　　常见石材可以分为镜面、柔面和凹凸面三种类型。根据类型的不同，石材材质的参数设置参考如下：

　　（1）镜面石材：表面较光滑，有反射，高光较小。

　　漫反射：石材纹理贴图；反射：RGB 均为"40"；高光光泽度：0.9；反射光泽度：1；细分：9。

　　（2）柔面石材：表面较光滑，有模糊，高光较小。

　　漫反射：石材纹理贴图；反射：RGB 均为"40"；高光光泽度：关闭；反射光泽度：0.85；细分：25。

　　（3）凹凸面石材：表面较光滑，有凹凸，高光较小。

　　漫反射：石材纹理贴图；反射：RGB 均为 40；高光光泽度：关闭；反射光泽度：1；细分：9；凹凸贴图：15%同"漫反射"贴图相关联。

任务评价

任 务 内 容	满　　分	得　　分
本项任务需在两课时内完成	20 分	
分析石材材质的物理属性	20 分	
根据石材材质的物理属性设置各项参数	60 分	

学习情境 2　　木地板材质的设置

学习目标

➤ 熟练掌握常见木地板材质的物理属性。

➤ 熟练掌握常见木地板材质的参数设置。

情境描述

为所给场景设置木地板材质，如图 4-6 所示。

图 4-6　土地板材质效果图

木地板材质的设置

任务实施

一、木地板的物理属性

（1）有木纹理。

（2）反射较强。

（3）模糊感比较强。

二、根据木地板的物理属性设置各项参数

（1）运行3ds Max 2017，打开场景文件中"第二篇　VRay 材质设置及灯光的应用\项目四　地面材质的设置\学习情境2　木地板材质的设置\模型\卧室场景（木地板）. max"文件，如图4-7所示。

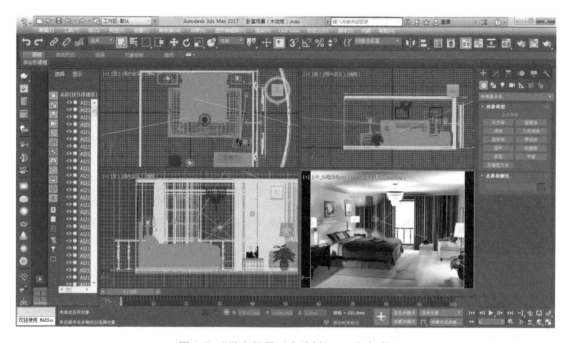

图4-7　"卧室场景（木地板）. max"场景

（2）单击"工具栏"的 ▦（材质编辑器）按钮，打开精简材质编辑器，单击其中的一个未使用过的材质球，作为当前材质球。

（3）在 VRayMtl 按钮前面的文本输入框中输入"木地板"，将材质命名为"木地板"。选中场景中的地面，将"木地板"材质赋予场景中的地面。

（4）操作方法同"项目三　墙面材质\学习情境3　墙砖材质的设置"第（5）～（12）步。所不同的包括以下几点：

1）给"漫反射"添加的木地板纹理贴图如图 4-8 所示。

2）"基本参数"卷展栏"反射"选项参数设置如图4-9所示。

3）给地面添加的"UVW 贴图"修改器的具体参数设置如图4-10所示。

图4-8　木地板纹理贴图

图 4-10　添加 UVW 贴图修改器

图 4-9　基本参数卷展栏

（5）渲染"VR-物理相机 002"视图，最终渲染效果如图 4-6 所示。

知识链接

　　在给材质进行参数设置时，先要全面考虑它的各种物理属性，再进行参数设置。各种物理属性有主次之分，有时我们只要抓住其主要物理属性，就能做出逼真的材质，比如前面讲的墙面的乳胶漆材质，我们并没有针对墙面的不平进行凹凸贴图，因为摄像机比较远，并不需要表现出墙面的细节。因此对于同一种材质，根据不同场景的不同需要，会有多种设置方法。下面以木地板为例，讲述如何根据需要，灵活掌握材质的不同设置方法。

　　（1）木地板材质的设置，按以下不同方法进行，渲染结果都能满足一般要求。

　　1）漫反射：木地板纹理贴图；反射：木地板黑白贴图，黑调偏暗；高光光泽度：0.78；反射光泽度：0.85；细分：15；凹凸：60%木地板的黑白贴图，黑调偏亮。

2）漫反射：木地板纹理贴图；反射：衰减；高光光泽度：0.9；反光光泽度：0.7；凹凸：10%木地板材质。

（2）哑面实木木地板材质的一般设置方法。

漫反射：木地板纹理贴图，模糊值0.01；反射：RGB均为34；高光光泽度：0.87；反射光泽度：0.82；凹凸：11；复制漫反射木地板纹理贴图；模糊值：0.85。

任务评价

任务内容	满　分	得　分
本项任务需在两课时内完成	20 分	
分析木地板的物理属性	20 分	
根据木地板的物理属性设置各项参数	60 分	

学习情境3　地毯材质的设置

学习目标

➤ 熟练掌握常见地毯材质的物理属性。

➤ 熟练掌握常见地毯材质的参数设置。

情境描述

为所给场景设置地毯材质，如图4-11所示。

图4-11　地毯材质效果图

地毯材质的设置

任务实施

一、地毯的物理属性

（1）表面粗糙，有毛茸茸的感觉。

（2）没有反射现象。

二、根据地毯的物理属性设置各项参数

在室内效果图表现中，经常需要模拟各种毛茸茸的地毯的效果，其设置做法也不尽相同。可以用 VRay 渲染器的"VR-置换修改"修改器来制作真实的地毯效果的，也可以用 VRay 渲染器的"VRayFur（毛发效果）"来表现的，这里我们用"VRayFur"进行地毯的制作。

提示： 用"VRayFur"制作真实的地毯效果时，需要为原始模型设置较多的段数。

（1）运行 3ds Max 2017，打开场景文件中"第二篇　VRay 材质设置及灯光的应用\项目四　地面材质的设置\学习情境 3　地毯材质的设置\模型\卧室场景（地毯）.max"文件，如图 4-12 所示。

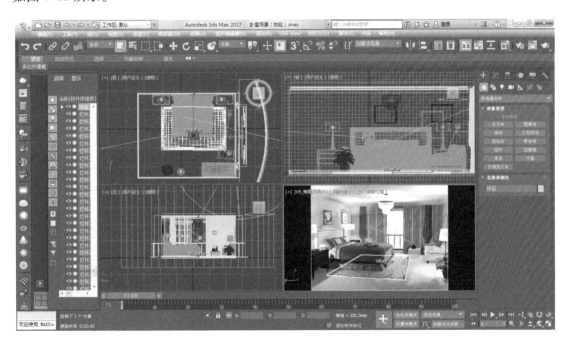

图 4-12　"卧室场景（地毯）.max"场景

（2）单击"工具栏"的 ▦ （材质编辑器）按钮，打开精简材质编辑器，单击其中的一个未使用过的材质球，作为当前材质球。

（3）在 VRayMtl 按钮前面的文本输入框中输入"地毯"，将材质命名为"地毯"。

（4）在"基本参数"卷展栏中，单击"漫反射"后面的 ▣（贴图）按钮，给"漫反射"添加纹理贴图，如图 4-13 所示。把位图"坐标"卷展栏中的"模糊"值设置为"0.2"，如图 4-14 所示。

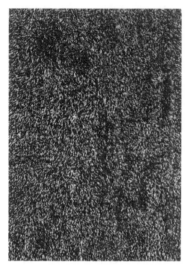

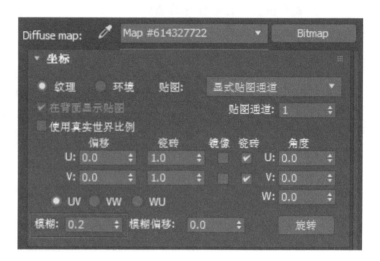

图 4-13　添加纹理贴图　　　　　　　　　　　　图 4-14　设置模糊值

（5）双击"反射"后面的 ▭ 颜色框，设置"反射"颜色，如图 4-15 所示。设置"反射"选项参数，如图 4-16 所示。

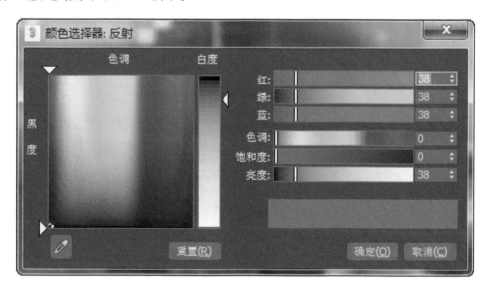

图 4-15　设置反射颜色

（6）在"选项"卷展栏中关闭"跟踪反射"如图 4-17 所示。

（7）选中场景中的地毯，选择 ✚（创建）命令面板，展开 ⬤（几何体）下面的下拉列表，如图 4-18 所示。选择"VRay"选项，弹出如图 4-19 所示的 VRayFur 按钮。

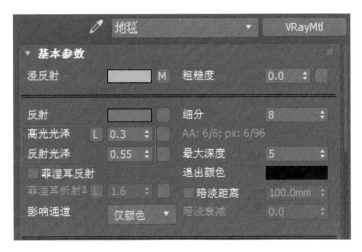

图 4-16 设置反射参数

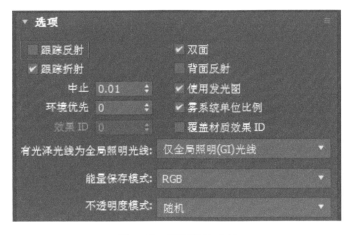

图 4-17 关闭跟踪反射

提示：必须先选中产生毛发的对象，才能激活 VRayFur 按钮，否则不能使用。

（8）单击 VRayFur 按钮，设置如图 4-20 所示的毛发参数。

参数解释："长度"参数决定毛发的长度。"厚度"参数决定毛发的粗细。"重力"参数模拟毛发受重力影响的效果，重力值是正值，毛发向上生长，并且值越大毛发越挺直；负值，则向下生长，值越小越挺直，比如设置为"-1"和"-100"，那么"-100"的效果就比"-1"的效果更挺直。"弯曲"参数能够让毛发适当弯曲，弯曲的值越大，毛发弯曲程度越强烈。"Knots"参数控制毛发的段数，这个值越大，毛发的弯曲效果越好，但会加长渲染时间。在"分布"栏中，选择按"区域"来分布毛发的数量，在这种方式下渲染出来的毛发分布比较均匀。"每区域"参数的值越大毛越密。

（9）选中场景中的毛发对象，添加"UVW 贴图添加"修改器，参数默认，如图 4-21 所示。

图 4-18　选择 VRay 选项

图 4-19　定位 VRayFur 选项

（10）选中场景中的毛发对象，单击"材质编辑器"工具栏中的 按钮，将"地毯"材质赋予场景中的毛发对象。

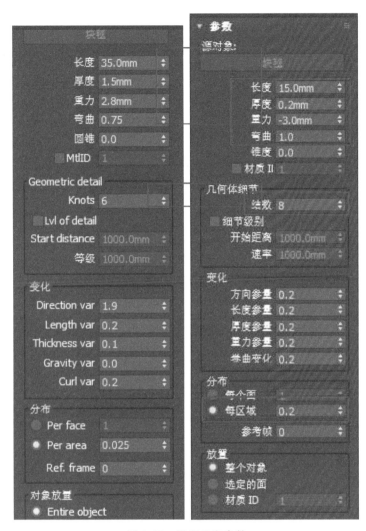

图 4-20 设置毛发参数

图 4-21 添加 UVW 贴图

注意： 如果将"地毯"材质错误地赋予场景中的地毯对象，则毛发对象就不能得到材质，也就渲染不出正确的结果。

（11）渲染"VR-物理相机002"视图，最终渲染效果如图4-11所示。

知识链接

地毯材质的特点是表面粗糙，具有毛茸茸的感觉。用"VRayFur"来制作地毯材质，效果较好，但渲染速度较慢。

任务评价

任务内容	满 分	得 分
本项任务需在两课时内完成	20分	
地毯材质的参数分析	10分	
毛发对象的参数设置	70分	

项目五　家具材质的设置

项目概述

常见的家具材质有玻璃材质、金属材质、皮革材质、木纹理材质和布艺材质等，本项目以 VRay 3.6 为基础，通过分析不同家具材质的物理参数，引导读者学习家具材质的参数设置。

学习情境 1　玻璃材质的设置

学习目标

> 熟练掌握常见玻璃材质的物理属性。

> 熟练掌握常见玻璃材质的参数设置。

情境描述

为所给场景的茶几设置玻璃材质，如图 5-1 所示。

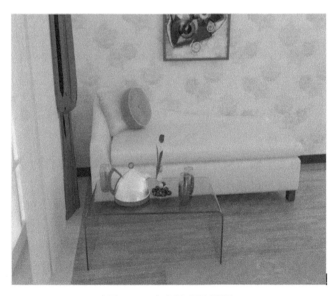

图 5-1　玻璃材质效果图

玻璃材质的设置

任务实施

一、玻璃的物理属性

（1）透明效果较好。
（2）能产生反射、折射现象。

二、玻璃材质的设置

（1）运行 3ds Max 2017，打开场景文件中"第二篇　VRay 材质设置及灯光的应用\项目五　家具材质的设置\学习情境 1　玻璃材质的设置\模型\卧室场景（玻璃）.max"文件，如图 5-2 所示。

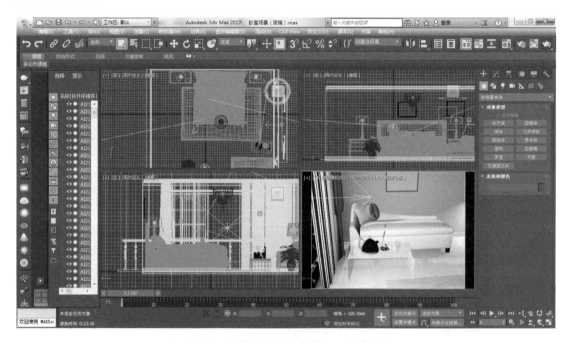

图 5-2　"卧室场景（玻璃）.max"场景

（2）单击"工具栏"的 ▦（材质编辑器）按钮，打开精简材质编辑器，单击其中的一个未使用过的材质球，作为当前材质球。

（3）在 VRayMtl 按钮前面的文本输入框中输入"玻璃"，将材质命名为"玻璃"。选中场景中的茶几，将"玻璃"材质赋予场景中的茶几对象。

（4）在"基本参数"卷展栏中设置"漫反射"颜色为"黑色"（R0/G0/B0），如图 5-3 所示。

（5）设置"反射"颜色为"深灰色"（R25/G25/B25），如图 5-4 所示。

（6）分别设置"高光光泽度"为"0.9"，"反射光泽度"为"0.8"，"细分"为"25"，如图 5-5 所示。

（7）在"折射"选项组内设置"折射"颜色为"白色"（R255/G255/B255），如图 5-6

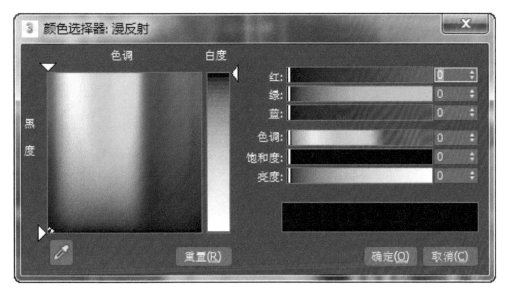

图 5-3　设置漫反射颜色

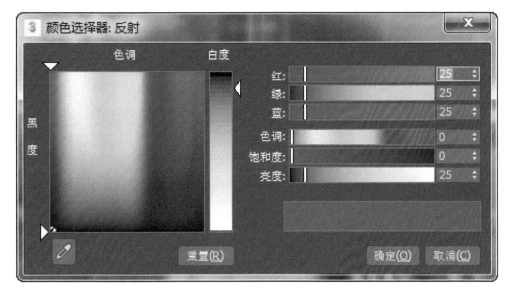

图 5-4　设置反射颜色

所示。

提示："折射"颜色决定材质的透明度，颜色越接近白色，材质的透明度就越高。

（8）设置"细分"参数，并选择"影响阴影"复选框，使透明度影响阴影效果；设置"折射率"参数，更改材质的折射率；设置"最大深度"参数，更改折射的最大折射次数，如图 5-7 所示。

（9）设置"烟雾"颜色显示窗内的颜色（R139/G223/B224），如图 5-8 所示。

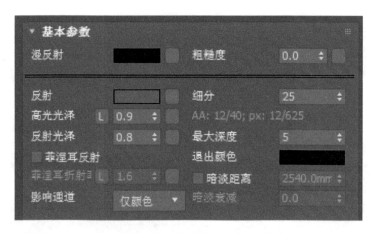

图 5-5　设置基本参数

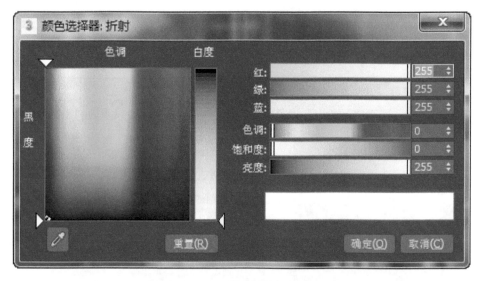

图 5-6　设置折射颜色

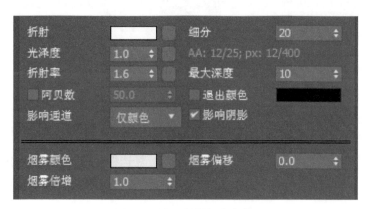

图 5-7　设置折射相关参数

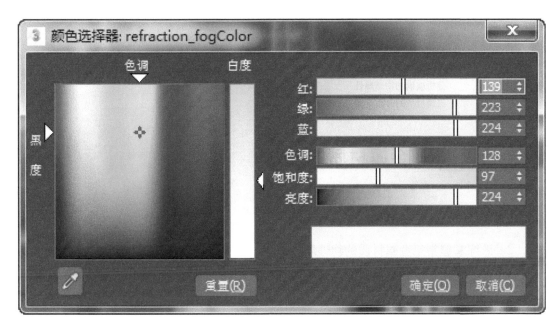

图 5-8　设置烟雾颜色

提示：当玻璃折射效果达到最大强度时，"漫反射"颜色或图案将会被忽略，因此，不能使用"漫反射"颜色来设置折射对象的颜色，只能使用"烟雾"颜色来设置折射对象的颜色。"烟雾倍增"参数是用来设置填充颜色浓度的，数值越小，折射对象的颜色越浅。

（10）渲染"VR-物理相机 003"视图，最终渲染效果如图 5-1 所示。

知识链接

1. 磨砂玻璃材质参数设置方法

真实的磨砂玻璃是因为表面凹凸不平，光线通过磨砂玻璃以后，会在各方向产生折射光线，这便是磨砂玻璃的特点。这里要表现一种比较粗糙的玻璃效果，设"漫反射"色为"R240/G240/B240"来模拟白色的磨砂玻璃。在折射通道里设置"衰减"贴图，调换一和二通道颜色位置，然后把一通道的色值改为"220"（目的是不让玻璃完全透明）。"方式"选择"垂直/平行"，这种方式会有点朦胧的效果，很适合做磨砂玻璃或纱帘。"光泽度"设置为"0.7"，是为了让玻璃不太过于模糊，还可隐约看到对面的事务。"细分"为"10"，这样渲染速度较快也可以达到所需效果。

2. 镜子材质

漫反射：RGB 均设置为"0"；反射：RGB 均设置为"255"；高光光泽度：关闭；反射光泽度：0.94；细分：5。

任务评价

任 务 内 容	满 分	得 分
本项任务需在一课时内完成	20 分	
分析玻璃的物理属性	30 分	
玻璃材质的参数设置	50 分	

学习情境 2　　金属材质的设置

学习目标

▶ 熟练掌握常见金属材质的物理属性。

▶ 熟练掌握常见金属材质的参数设置。

情境描述

为所给场景中水壶设置金属材质，如图 5-9 所示。

图 5-9　金属材质效果图

金属材质的设置

任务实施

一、金属的物理属性

（1）反光很高，镜面效果也很强，高精度抛光的金属和镜面的效果很接近。

（2）金属材质的高光部分有很多的环境色融入其中，有很好的反射；暗部又很暗，接近黑色，反差很大。

（3）金属的颜色体现在过渡区，受灯光的影响很大。

二、金属材质的设置

具有反射效果的材质，受周围环境影响很大，需注意其材质设置与低反光材质的差别。在本任务中，将为大家讲解基于 VRay 3.6 金属材质的表现方法。

（1）运行 3ds Max 2017，打开场景文件中"第二篇　VRay 材质设置及灯光的应用\项目五　家具材质的设置\学习情境 2　金属材质的设置\模型\卧室场景（金属）.max"文件，如图 5-10 所示。

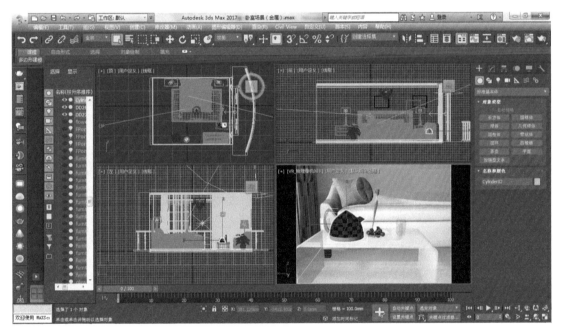

图 5-10 "卧室场景（金属）.max"场景

（2）单击"工具栏"的 ▦（材质编辑器）按钮，打开精简材质编辑器，单击其中的一个未使用过的材质球，作为当前材质球。

（3）在 VRayMtl 按钮前面的文本输入框中输入"金属"，将材质命名为"金属"。选中场景中水壶的壶体，将"金属"材质赋予场景中壶体对象。

（4）设置"漫反射"颜色为"黑色"（R0/G0/B0），如图 5-11 所示。

提示：在设置 100% 的反射或折射效果时，将"漫反射"颜色设置为"黑色"会有更好的效果。

（5）因为金属的反射效果很强，所以设置"反射"颜色为"R192/G197/B205"，使材质具有很强的反射效果，如图 5-12 所示。

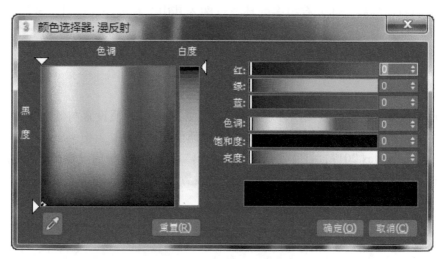

图 5-11　设置漫反射颜色

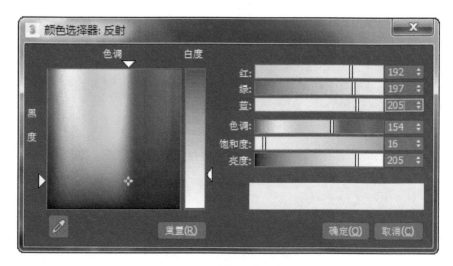

图 5-12　设置反射颜色

（6）分别设置"高光光泽度"为"0.9"，"细分"为"15"，如图 5-13 所示。

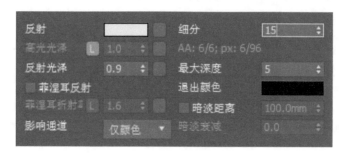

图 5-13　设置反射参数

（7）向下滑动右侧的"滑块"，选择"双向反射分布函数"，并将其展开，选择

"Ward"类型，如图 5-14 所示。

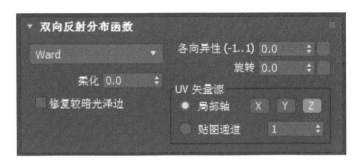

图 5-14   选择 Ward 类型

（8）渲染"VR-物理相机 003"视图，最终渲染效果如图 5-9 所示。

知识链接

不锈钢材质还有以下参数设置方法供参考：

材质分析：表面相对光滑，高光小，模糊小，分为镜面、拉丝和磨砂三种。

1. 亮光不锈钢材质参数设置方法

漫反射：黑色；反射：150；高光光泽度：1；反射光泽度：0.8；细分值：15。

2. 拉丝不锈钢材质参数设置方法

漫反射：黑色；反射：衰减，在近距衰减中加入"拉丝"贴图；高光光泽度：锁定；反射光泽度：0.8；细分值：12。

3. 磨砂不锈钢材质参数设置方法

漫反射：黑色；反射：衰减，保持系统默认设置；高光光泽度：锁定；反射光泽度：0.7；细分：12。

任务评价

任 务 内 容	满 分	得 分
本项任务需在一课时内完成	20 分	
分析金属的物理属性	30 分	
金属材质的设置	50 分	

学习情境 3   皮革材质的设置

学习目标

> 熟练掌握皮革材质的物理属性。

> 熟练掌握皮革材质的参数设置。

情境描述

为所给场景的沙发设置皮材质，如图 5-15 所示。

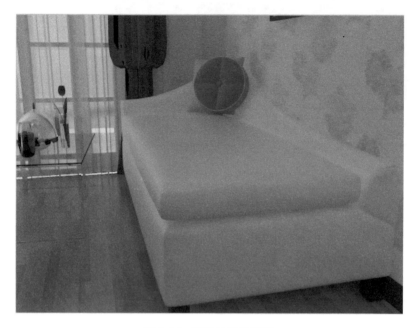

图 5-15　皮革材质效果图　　　　　　　　　　　皮革材质的设置

任务实施

一、皮革材质的物理属性

（1）表面有比较柔和的高光。

（2）表面有微弱的反射现象。

（3）表面纹理凹凸感很强。

二、皮革材质参数设置方法

（1）运行 3ds Max 2017，打开场景文件中"第二篇　VRay 材质设置及灯光的应用\项目五　家具材质的设置\学习情境 3　皮革材质的设置\模型\卧室场景（皮革）. max"文件，如图 5-16 所示。

（2）单击"工具栏"的 ▦ （材质编辑器）按钮，打开精简材质编辑器，单击其中的一个未使用过的材质球，作为当前材质球。

（3）在 VRayMtl 按钮前面的文本输入框中输入"皮革"，将材质命名为"皮革"。在"基本参数"卷展栏中，设置"漫反射"颜色为"白色"（R242/G242/B242），如图 5-17 所示。

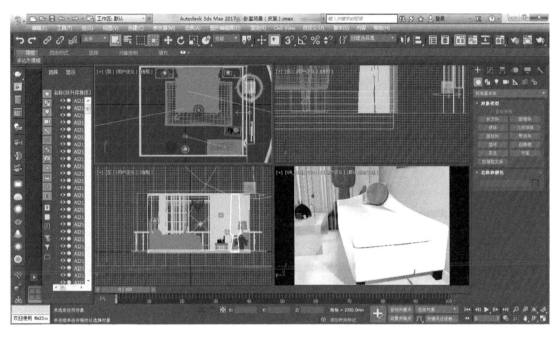

图 5-16　"卧室场景（皮革）. max" 场景

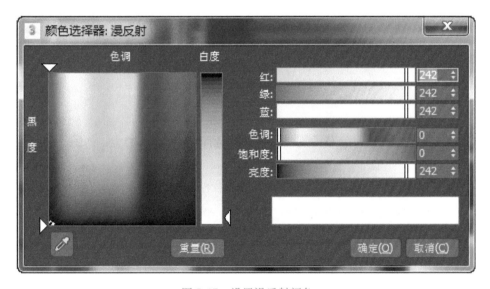

图 5-17　设置漫反射颜色

提示：皮革材质的颜色由"漫反射"的颜色决定，其他颜色的皮革材质只需修改"漫反射"的颜色即可。

（4）在"基本参数"卷展栏中，单击"反射"后的 ■ （贴图）按钮，给"反射"添加"衰减"贴图。在"衰减参数"的"前：侧"栏中，"衰减类型"选择"Fresnel"，"衰减方向"选择"查看方向（摄像机 Z 轴）"，如图 5-18 所示。

图 5-18　设置衰减参数

（5）单击 （转到父对象）按钮，返回"材质编辑器"基本参数卷展栏。设置"反射"的"高光光泽度"值为"0.75"，"反射光泽度"值为"0.7"，"细分"值为"15"，如图 5-19 所示。

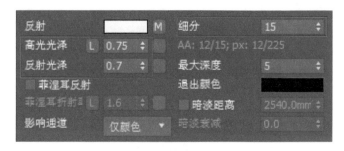

图 5-19　设置反射参数

（6）定位到"双向反射分布函数"卷展栏，选择"Phong"类型，如图 5-20 所示。

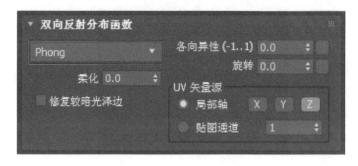

图 5-20　选择 Phong 类型

（7）定位到"贴图"卷展栏，单击"凹凸"贴图通道后面的 无 按钮，给"凹凸"贴图添加如图 5-21 所示的纹理贴图。

（8）单击 （转到父对象）按钮，返回材质编辑器"贴图"卷展栏，设置"凹凸"值为"30.0"，如图 5-22 所示。

图 5-21　纹理贴图　　　　　　　　　　　　木纹理材质的设置

（9）选中场景中的皮沙发的皮质部分，单击"材质编辑器"工具栏中的 按钮，将"皮革"材质赋予场景中的皮沙发对象。

（10）给皮沙发添加"UVW 贴图"修改器，具体参数设置如图 5-23 所示。

反射	100.0	✔	Map #614327695（Falloff）
高光光泽	100.0	✔	无
反射光泽	100.0	✔	无
菲涅耳折射	100.0	✔	无
各向异性	100.0	✔	无
各向异性旋	100.0	✔	无
折射	100.0	✔	无
光泽度	100.0	✔	无
折射率	100.0	✔	无
半透明	100.0	✔	无
烟雾颜色	100.0	✔	无
凹凸	30.0	✔	#614327696（Archmodels59_leather

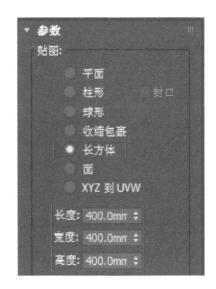

图 5-22　设置凹凸值　　　　　　　　　　图 5-23　设置 UVW 贴图参数

（11）渲染"VR-物理相机 003"视图，最终渲染效果如图 5-15 所示。

◤ 知识链接 ◢

布沙发材质的参考设置方法：

一、观察布沙发表面特征

（1）布的表面比较粗糙。
（2）布的表面基本没有反射现象。
（3）布的表面有毛茸茸的感觉。

二、布沙发材质设置方法

布沙发表面看起来有毛茸茸的感觉，是因为布表面的细纤维受到光照的影响而产生的。这种效果通过建模来表现难度比较大，并且不一定能表现好，所以采用材质来表现。在“漫反射”通道中加入一个“衰减”程序贴图，“衰减”方式采用“菲涅尔”方式。

在第一个“颜色”贴图通道里指定一个布沙发的纹理贴图，在第二个“颜色”贴图通道里指定一个比沙发布更白一点的颜色，这样受到光照的影响，光强的地方会白些，就有毛茸茸的感觉了。

给布沙发一个比较大的高光，设置“高光光泽度”为“0.35”。在“选项”卷展栏中，关闭“跟踪反射”，这样就不会产生反射而保留高光。

为使布沙发表面比较粗糙，在凹凸贴图后指定一张同“漫射”一样的凹凸贴图，设“凹凸”强度为“30”。

任务评价

任务内容	满　分	得　分
本项任务需在两课时内完成	20 分	
皮革材质的物理属性	20 分	
皮革材质参数设置方法	60 分	

学习情境 4　木纹理材质的设置

学习目标

- 熟练掌握常见木纹理材质的物理属性。
- 熟练掌握常见木纹理材质的参数设置。

情境描述

为所给场景中实木家具设置木纹理材质，如图 5-24 所示。

图 5-24   木纹理材质效果图

任务实施

一、木纹理材质的物理属性

(1) 表面相对光滑。

(2) 带有"菲涅尔"反射。

(3) 表面有一定的凹凸纹理。

(4) 高光相对较小。

常见的几种木纹是有差异的。深色的木纹材质如黑胡桃和黑橡木等纹理的色差大，纹理清晰。浅色的木材如榉木、桦木和沙木等材质纹理不清晰。

二、木纹材质参数设置与调制方法

(1) 运行 3ds Max 2017，打开场景文件中"第二篇   VRay 材质设置及灯光的应用\项目五   家具材质的设置\学习情境 4   木纹理材质的设置\模型\卧室场景（木纹理）. max"文件，如图 5-25 所示。

(2) 单击"工具栏"的▣▣（材质编辑器）按钮，打开精简材质编辑器，单击其中的一个未使用过的材质球，作为当前材质球。在 VRayMtl 按钮前面的文本框中输入"木纹理"，将材质命名为"木纹理"。

(3) 选中场景中的木柜，单击"材质编辑器"工具栏中的▧按钮，将"木纹理"材质赋予场景中的木柜对象。

(4) 在"基本参数"卷展栏中，单击"漫反射"后面的▧（贴图）按钮，给"漫反射"添加如图 5-26 所示的木纹理贴图。

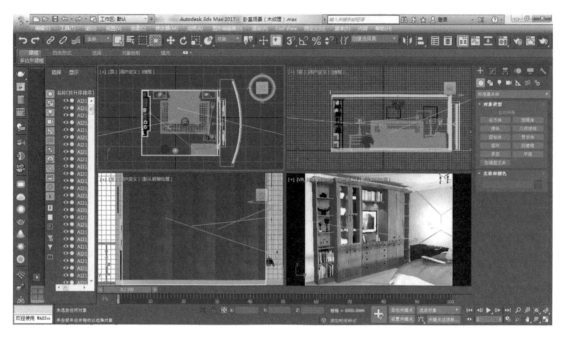

图 5-25　"卧室场景（木纹理）. max"场景

提示： 在"漫反射"通道里所用的贴图图片，光感要均匀，无光差变化为最好。材质图片的纹理要为无缝处理后的图片，如不是，纹理变化（上下左右）不大为佳。加入凹凸通道贴图，会使木纹有凹凸感，肌理更明显。

（5）在"坐标"卷展栏中，设置"模糊"值为"0.1"，如图 5-27 所示。

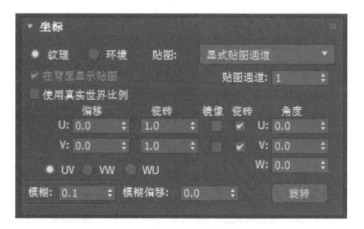

图 5-26　木纹理贴图　　　　　　　　　　　　　图 5-27　设置模糊值

（6）单击 （转到父对象）按钮，返回材质编辑器"基本参数"卷展栏。单击"反射"后面的 ▣（贴图）按钮，给反射添加衰减贴图。设置"衰减参数"的"衰减类型"为"Fresnel"，"衰减方向"为"查看方向（摄影机 Z 轴）"，如图 5-28 所示。

图 5-28　设置衰减参数

（7）单击 （转到父对象）按钮，返回材质编辑器"基本参数"卷展栏，设置"高光光泽"度为"0.8"，设置"反射光泽"度为"0.85"，设置"细分"为"25"，如图 5-29 所示。

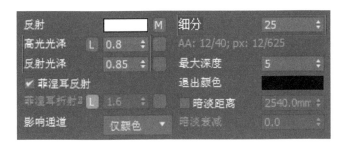

图 5-29　设置反射参数

（8）定位到"贴图"卷展栏，把"漫反射"通道的贴图拖动到"凹凸"贴图通道，出现"复制（实例）贴图"对话框，选择"复制"单选框，单击"确定"。设置"凹凸"数值为"10"，如图 5-30 所示。

（9）选中场景中的木柜，添加"UVW 贴图"修改器，具体参数设置如图 5-31 所示。

（10）渲染"VR-物理相机 003"视图，最终渲染效果如图 5-24 所示。

> 知识链接

木质类材质种类繁多，表面处理工艺多样，其表面主要物理属性：表面相对光滑，有一定反射，带凹凸，高光较小。

木质类材质依据表面着色可分为亮面和哑面两种类型。下面的材质设置参数可供参考：

1. 亮面清漆木纹材质设置方法

漫反射：木纹贴图；反射：RGB 值均为相同值，范围在 18 ~49 之间；高光光泽度：0.84；反射光泽度：1。

2. 木纹材质设置方法 1

漫反射：木纹贴图材质；反射：RGB 值均为相同值，范围在 30 ~50 之间；高光光泽度：锁定；反射光泽度：0.7 ~0.8。

3. 木纹材质设置方法 2

漫反射：木纹贴图；反射：40；高光光泽度：0.65；反射光泽度：0.7 ~0.8；凹凸：25% 木纹贴图。

4. 哑面实木（常用于木地板）材质设置方法

漫反射：木纹贴图；反射：RGB 分别为 44；高光光泽度：关闭；反射光泽度：0.7 ~0.85。

5. 其他设置方法

漫反射：木纹贴图；反射：衰减；高光光泽度：0.8；反射光泽度：0.85。

图 5-30　设置贴图参数　　　　　　图 5-31　设置 UVW 贴图

任务评价

任务内容	满分	得分
本项任务需在一课时内完成	20 分	
分析木纹理的物理属性	20 分	
木纹材质参数设置与调制方法	60 分	

学习情境 5　布艺材质的设置

学习目标

◆ 熟练掌握常见布艺材质的物理属性。

◆ 熟练掌握常见布艺材质的参数设置。

情境描述

为所给场景中窗帘设置布艺材质，如图 5-32 所示。

图 5-32　布艺材质效果图

布艺材质的设置

任务实施

一、窗帘材质的物理属性

透明，透光，有轻微折射，有"菲涅尔"现象。

二、窗帘材质设置方法

（1）运行 3ds Max 2017，打开场景文件中"第二篇　VRay 材质及灯光的应用\项目五　家具材质的设置\学习情境 5　布艺材质的设置\模型\卧室场景（布艺）. max"文件，如图 5-33 所示。

（2）单击"工具栏"的 （材质编辑器）按钮，打开精简材质编辑器，单击其中的一

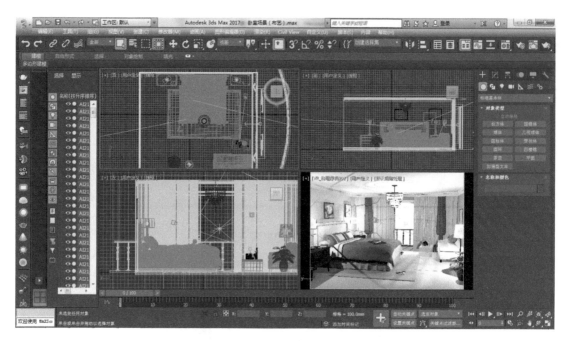

图 5-33 "卧室场景（布艺）.max"场景

个未使用过的材质球，作为当前材质球。

（3）在 VRayMtl 按钮前面的文本框中输入"窗帘"，将材质命名为"窗帘"。在"基本参数"卷展栏中，设置"漫反射"颜色为"红色"（R188/G209/B161），如图 5-34 所示。

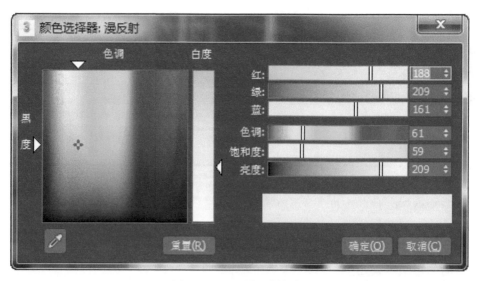

图 5-34 设置漫反射颜色

提示：窗帘材质的颜色由"漫反射"的颜色决定，其他颜色的窗帘材质只需修改漫反射的颜色即可。

（4）设置"反射"颜色为"红色"（R0/G0/B0），如图 5-35 所示。

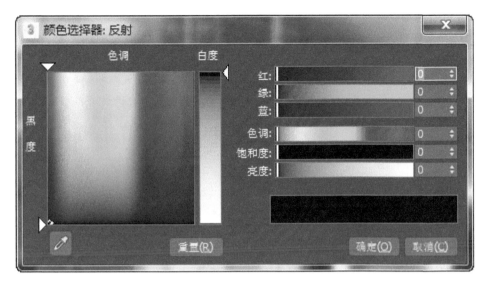

图 5-35　设置反射颜色

（5）设置"反射"选项中的"细分"值为"50"，如图 5-36 所示。

图 5-36　设置细分值

（6）给"折射"添加"衰减"贴图，衰减参数设置如图 5-37 所示。

图 5-37　设置衰减参数

（7）单击"前：侧"选项下面的 ▢（白色）按钮，在"颜色选择器"中设置颜色 RGB 均为 148，如图 5-38 所示。

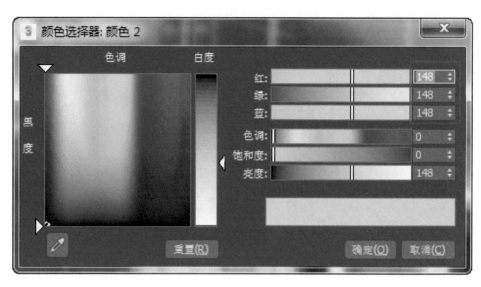

图 5-38 设置颜色

（8）单击 按钮，返回材质编辑器"基本参数"卷展栏，设置"折射"选项中的"折射率"值为"1.01"，"细分"值为"50"，勾选"影响阴影"复选框，"影响通道"选择"颜色 + alpha"，如图 5-39 所示。

图 5-39 设置折射参数

（9）向下滑动右侧的滑块，定位到"双向反射分布函数"，选择"Phong"类型，如图 5-40 所示。

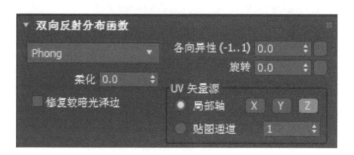

图 5-40 选择 Phong 类型

（10）选中场景中的窗帘，单击"材质编辑器"工具栏中的 ![] 按钮，将"窗帘"材质

赋予场景中的窗帘对象。

（11）渲染"VR-物理相机002"视图，最终渲染效果如图5-32所示。

知识链接

（1）布料种类繁杂，物理属性也相差很大。

（2）窗帘材质的物理属性：透明，透光，折射，有"菲涅尔"现象。

（3）普通布料的物理属性：表面有较小的粗糙感，反射很小，有丝绒感和凹凸感。

（4）丝绸的物理属性：既有金属光泽，又有布料特征，表面相对光滑。

任务评价

任 务 内 容	满　　分	得　　分
本项任务需在一课时内完成	20分	
分析窗帘材质的物理属性	20分	
窗帘材质的设置方法	60分	

项目六　VRay 灯光的应用

项目概述

　　VRay 渲染器除支持 3ds Max 标准的灯光类型外，还有自身专用的灯光类型。VRay 渲染器专用的材质、贴图及阴影相结合使用的时候，渲染效果要优于 3ds Max 的标准灯光类型。本项目通过对比夜晚和白天不同光线的变化，让使用者熟悉 VRay 渲染器里各种灯光参数的设置，可以针对不同的光线设置合适的灯光效果。

学习情境 1　VRay 灯光的设置

学习目标

　　➤ 熟练掌握灯光的参数设置。

　　➤ 熟练掌握夜晚灯光效果的制作。

情境描述

　　夜晚室内灯光的设置效果如图 6-1 所示。

图 6-1　夜晚室内灯光效果图

VRay 灯光的设置（1）

VRay 灯光的设置（2）

任务实施

打开案例场景"室内夜景设置",本例中以床头台灯光为主光源,其他灯光作为辅助灯光进行制作。制作前先确定夜晚环境灯光,这里采用 VRay 的球形光来模拟场景中夜晚环境光源,月光效果,如图 6-2 所示。

图 6-2　室内夜景

(1) 选择"VRay"灯光,并创建一盏球光,如图 6-3 所示。

图 6-3　VRay 创建面板

(2) 设置灯光的位置,如图 6-4 所示。

(3) 设置"球光"具体参数,如图 6-5 所示。

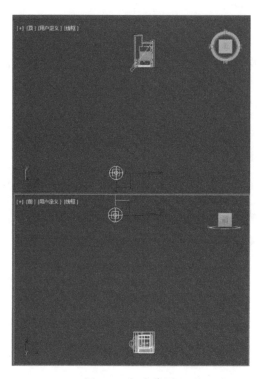

图 6-4　灯光位置

注：此图为顶视图和前视图，对比两图摆放灯光的位置。

图 6-5　设置球光参数

（4）按 F10 键进入"渲染"面板，设置测试渲染的参数（GI）并进行渲染。与最终出图不同，这里对参数所做出的修改只是为了在测试灯光效果的时候降低渲染的时间，从而提高工作效率。参数设置如图 6-6 所示。

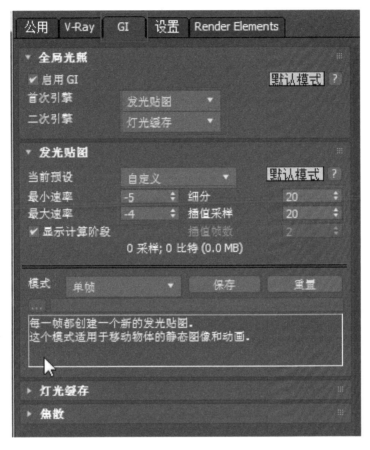

图 6-6　设置测试渲染参数

在这里"二次引擎"选用"灯光缓存"的方式来配合"发光贴图"计算，灯光缓存本身对灯光无限制，只要灯光被 V-Ray 支持它就支持，用它做预览很快，计算的光感也比较好，它可以单独完成对整个场景的 GI（全局照明）照明，所以我们用"灯光缓存"配合"发光贴图"做"二次引擎"，如图 6-7 所示。

设置好参数后，测试渲染，如图 6-8 所示，有一种月光透过玻璃隐约洒进卧室的感觉。

（5）环境光的位置已确定，这里需要给场景添加灯光细节。

注意： 当月光照射到卧室的时候，也会有一点天光的照射，因为晚上的云层也是要反射光线的，只是对比起白天的反射强度，晚上的天光效果很微弱。

辅助灯光—模仿天光的创建：创建一个 VRay 的片灯，用来模拟晚上天光的效果。在"控制面板"里选择 ❤（灯光）按钮，然后在下拉列表中选择"VRay"，再选择"VRay-Light"（VR-光源），并在参数面板中的"灯光类型"中选择"平面"，如图 6-9 所示。在窗

图 6-7　设置相关参数

注：参数面板的参数数值设置越高，渲染出图的质量越好，但渲染时间也会越长

图 6-8　测试渲染效果图

口位置创建 VR 平面光源，平面光的大小约等于窗口大小，然后在"参数"面板进行参数的设置，如图 6-10 所示。

图 6-9　设置 VRay 片灯相关参数

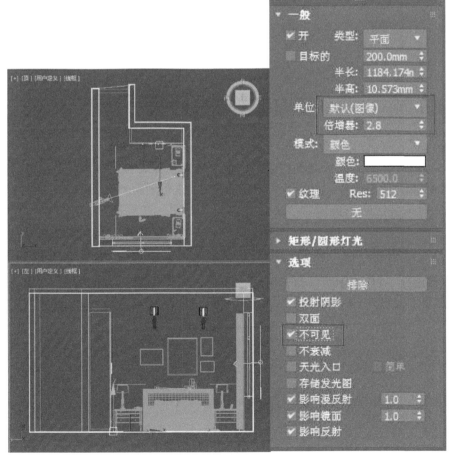

图 6-10　设置 VR 平面光源相关参数

注：同图 6-4，根据顶视图和左视图，摆放 V-Ray 片灯的位置。

设置完成后，按 F9 键进行测试渲染。效果如图 6-11 所示。

图 6-11　测试渲染效果图

（6）通过测试，发现有天光的照射后，整个场景变得柔和了很多，但是房间内的暗角和物体的细节依旧不够清晰，需要进一步对场景细节进行刻画。

首先要模拟室内的一盏顶灯，来做室内整体照明，这里依旧采用 VRay 的片灯进行模拟。

顶灯灯光的创建：在"控制面板"里选择 💡（灯光），然后在下拉列表中选择"VRay"，再选择"VRayLight"，灯光类型为平面，如图 6-12 所示。设置"VRayLight"选项的相关参数，如图 6-13 所示。

图 6-12　设置 VRay 参数

注意：由于是夜晚卧室的灯光，所以顶灯颜色要柔和一点，无须太亮。

设置完成后，按 F9 键进行测试渲染，效果如图 6-14 所示。

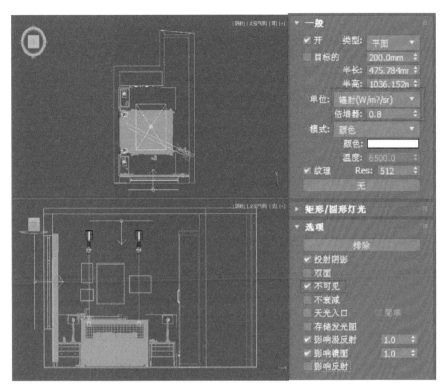

图 6-13 设置 VRayLight 参数

图 6-14 测试渲染效果图

注意：与之前的效果相比，现在整个场景已经变得柔和了许多，有一些暖色调的光感，还需要进一步表现室内的气氛和层次。

（7）场景中缺少温馨的气氛和视觉中心，需要给场景增加烘托气氛和视觉亮点的台灯。

台灯的创建：台灯的照明采用 VRay 的"球形灯"来模拟。

辅助灯光——台灯灯光的创建：在"控制面板"里选择 （灯光），然后再下拉列表中选择"VRayLight"，并在灯光"类型"中选择"球体"，位置摆放，如图 6-15 所示。设置"VRayLight"选项的相关参数，如图 6-16 所示。

图 6-15　设置 VRay 参数

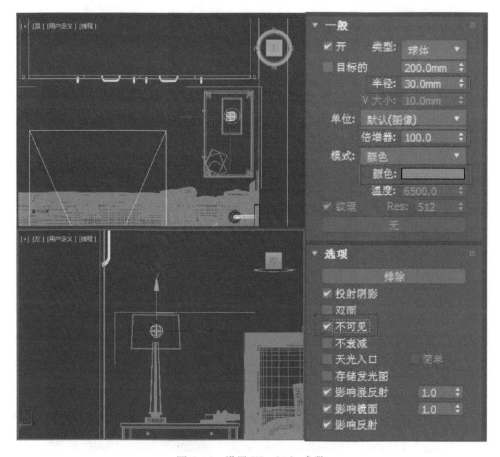

图 6-16　设置 VRayLight 参数

注意：这里有两盏台灯，灯光参数一致，直接实例复制到另一侧即可。

灯光设置完成后，按〈F9〉键进行测试渲染，如图 6-17 所示。

图 6-17　测试渲染效果图

（8）添加过台灯的场景，已经有整体氛围与视觉的中心了，为了让场景更丰富更有层次感，可以在场景中的挂画上添加两盏 IES 灯光，设置方法如图 6-18 所示。

图 6-18　添加 IES 灯光

IES 灯光的创建：单击"控制面板"里的 💡（灯光），然后再下拉列表中选择"VRay"，再选择"VRayIES"。IES 灯光位置摆放如图 6-19a 所示。

注意： 这里的两盏灯光与台灯灯光一样，都采用实例复制。

IES 灯光创建好后，选中灯光打开"命令面板"，单击 （修改），选择"IES"文件，单击 ，导入材质文件夹中的"光域网"文件。设置参数如图 6-19b 所示。

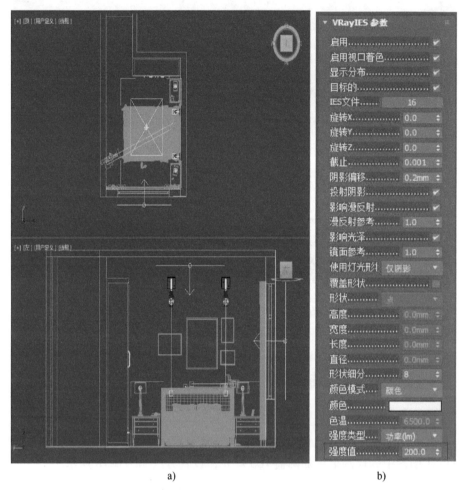

a)   b)

图 6-19　设置 VRayIES 灯光

a）VRayIES 灯光摆放位置　b）设置 VRayIES 参数

注意： IES 灯光有很多种，我们可以根据场景需要选择合适的灯光类型，本案例中不再一一示范。IES 灯光的亮度控制有两种方法，一种是在参数面板中调节功率的强度，参数值越大，灯光越亮，反之则越暗。另一种是靠调整灯光与照射物体的距离来控制，灯光离照亮物体越近，灯光越亮，反之则越暗。

（9）灯光设置完成并确认后，按 F10 键调整渲染参数进行最终成图渲染，参数设置如图 6-20、图 6-21 所示。

最终渲染效果如图 6-1 所示。

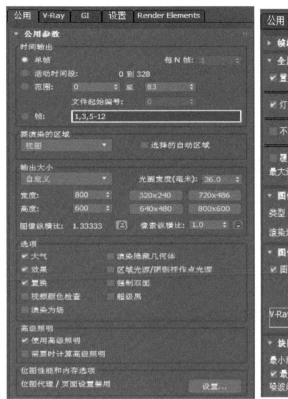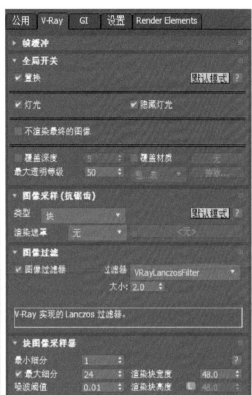

图 6-20　最终渲染参数设置

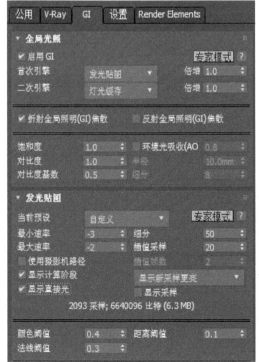

图 6-21　最终渲染参数设置

知识链接

(1) 在设置灯光时，场景的整体氛围由主光源来控制。

(2) 场景物体的阴影强弱和方向也要根据主光源来设置。

任务评价

任 务 内 容	满　分	得　分
本项任务需在一课时内完成	15 分	
月光的投射角度和强度	30 分	
台灯的设置及灯光的照射范围	30 分	
整体气氛的把握（夜间）	25 分	

学习情境 2 ▶ VRay 阳光及天光的设置

学习目标

➡ 熟练掌握灯光的参数设置。

➡ 熟练掌握阳光的效果制作。

情境描述

阳光的设计效果如图 6-22 所示。

图 6-22　阳光的设计效果图

VRay 阳光及
天光的设置

任务实施

（1）打开案例场景"阳光别墅"，如图 6-23 所示。

图 6-23　阳光别墅场景

（2）如图 6-24 所示，在"控制面板"里选择 （灯光），然后再下拉列表中选择 "VRay"，最后选择"VRaySun"，在视图里创建 VRay 太阳。

（3）创建灯光后会弹出对话，如图 6-25 所示，点击"是"按钮。

图 6-24　创建 VRay 太阳　　　　　　　　图 6-25　添加 VRaySky 环境贴图

随后会在 3ds Max 中（快捷键 8）自动添加"VRaySky"材质，用 VRay 天空作为环境贴图，如图 6-26 所示。

（4）打开"材质编辑器"（快捷键 M），点选"VRaySky"直接拖到"材质编辑器"里，弹出如图 6-27 所示的对话框。选择"实例"按钮再点击"确定"按钮。

在"材质编辑器"里展开"VRaySky 参数"卷展栏，如图 6-28 所示。

图 6-26 用 VRay 天空作环境贴图

图 6-27 设置 VRay 天空材质参数

勾选"指定太阳节点",然后单击"太阳光"选项后面"无"按钮,再单击 VRaySun001 按钮,让阳光的位置影响天光的变化,如图 6-29 所示。

(5)查看 VR-太阳灯光的参数。

1)混浊:这个参数影响太阳和天空的颜色。比较小的值表示晴朗的天气,天空的颜色也比较蓝;比较大的值表示灰尘含量多的天气,比如沙尘暴。

注意:早晨时,空气混浊度低;黄昏时,空气混浊度高。

2)臭氧:这个参数是指空气中氧气的含量,比较小的值表示阳光比较黄,比较大的值表示阳光比较蓝。

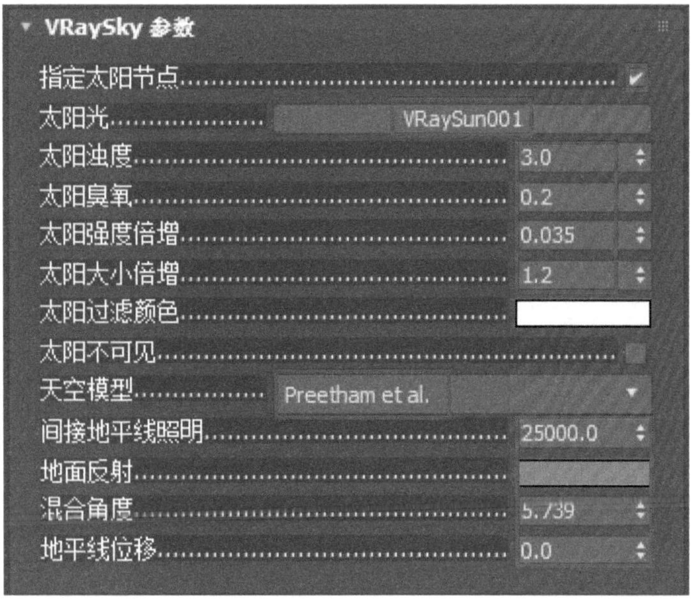

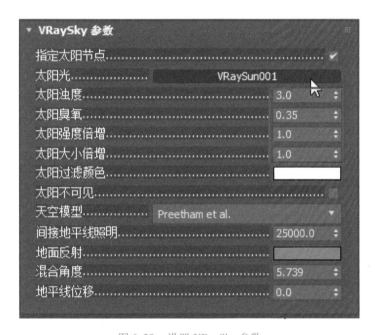

图 6-28　VRaySky 参数卷展栏

图 6-29　设置 VRaySky 参数

提示：冬天的氧气含量高，夏天的氧气含量低；高原的氧气含量低，平原的氧气含量高。

3）强度倍增：这个参数是指阳光的亮度，默认值为"1"。

4）尺寸倍增：这个参数是指阳光的大小，它的作用主要表现在阴影的模糊上，数值越大，阳光阴影越模糊。

5）阴影细分：这个参数，比较大的值表示模糊区域的阴影比较光滑，没有杂点。

6）阴影偏移：这个参数用来控制物体与阴影偏移距离，较高的值会使阴影向灯光的方向发生偏移。

（6）VRaySky 贴图既可以放在 3ds Max 环境里，也可以放在"渲染面板"的"VRay GI"环境里，如图 6-30 所示。

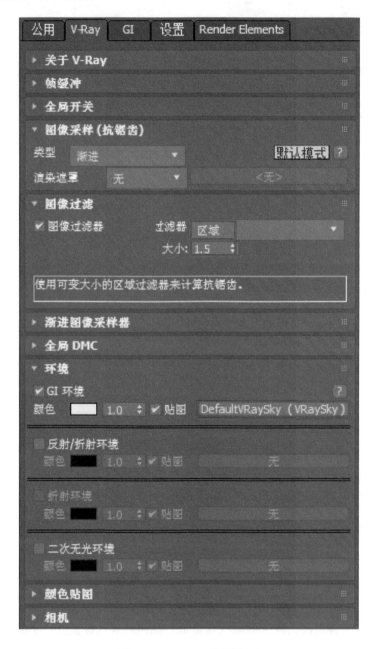

图 6-30   VRaySky 贴图位置

手设太阳节点：不勾选时，VRay 天空的参数将从场景中 VRay 太阳的参数里自动匹配；

勾选时，用户就可以从场景中选择不同的光源。在这种情况下，VRay 太阳将不再控制 VRay 天空的效果，VRay 天空将用它自身的参数来改变 VRay 天空的效果。

太阳节点：选择阳光源，这里除了可以选择 VRay 太阳之外，还可以选择其他的光源。

注意：其他光源的参数均与 VRay 太阳的参数效果一致。

（7）下面通过举例说明。把阳光调整到上午，太阳的高度参考实际太阳的位置，位置及参数设置如图 6-31 ~ 图 6-33 所示。

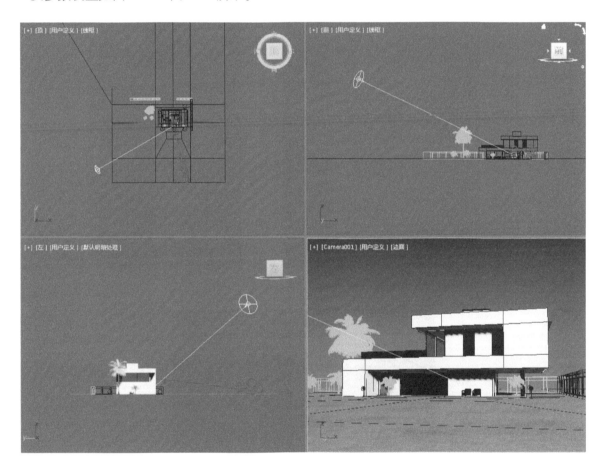

图 6-31　太阳高度位置设置

（8）设置好灯光位置后按 F10 进入 "渲染面板" 调整参数，参数设置如图 6-34 ~ 图 6-36 所示。

注：这次间接照明中的 "二次引擎" 我们使用了第二种计算方式（暴力计算），这种计算方式是单独计算每个点的 GI（全局照明），虽然速度会相对慢一些，但效果也会比较精确，适用于制作高细节内容的场景。

（9）参数设置完成后按 F9 进行渲染，渲染效果如图 6-22 所示。

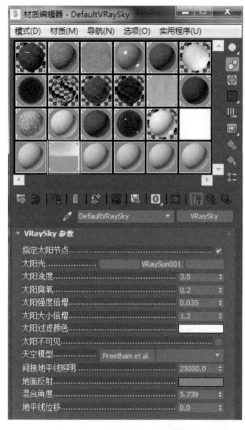

图 6-32　材质编辑器卷展栏

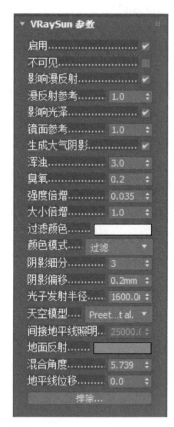

图 6-33　VRaySun 参数卷展栏

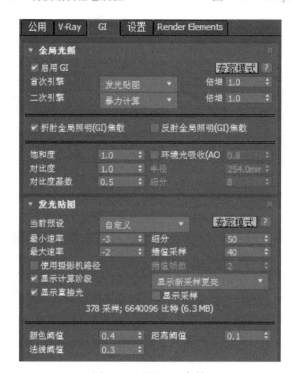

图 6-34　设置 GI 参数

图 6-35 设置暴力计算 GI 参数　　　图 6-36 设置 V-Ray 参数

知识链接

（1）辅助光一般没有特殊需求时都不显示阴影，各个辅助光之间一般为关联复制。

（2）在调试阳光场景时，一定要把握好阳光的强度，过强的阳光会遮蔽画面细节。

任务评价

任务内容	满分	得分
本项任务需在一课时内完成	10 分	
环境贴图的设置	35 分	
阳光关联及相应参数调整	35 分	
阳光的角度调节	20 分	

拓展园地

1905 年 9 月，京张铁路正式开工，紧张的勘探、选线工作开始了，詹天佑带着测量队，身背仪器，日夜奔波在崎岖的山岭上。一天傍晚，猛烈的西北风卷着砂石在八达岭一带呼啸怒吼，刮得人睁不开眼睛，测量队急着结束工作，填个测得的数字，就从岩壁上爬了下来。詹天佑接过本子，一边翻看数字，一边疑惑地问："数据准确吗?""差不多。"测量队员回答说。詹天佑严肃地说："技术的第一个要求是精密，不能有一点模糊和轻率，"大概"、"差不多"这类说法不应出于工程人员之口。"接着他背起仪器冒着风沙，重新吃力地爬到岩壁上认真复勘了一遍，修正了一个误差。当他下来时，嘴唇都冻青了。

正是他这种严谨的工作作风才使得京张铁路顺利修成，成为了一个奇迹，让全世界的人都为之赞叹!

第三篇

综合实例及 Photoshop 后期处理

项目七 现代客厅的制作方法及 Photoshop 的后期处理

项目概述

　　本客厅方案采用简洁大方的现代风格，家具以浅色为主色调，既要考虑到家居新时尚的风格，又要顾及空间上的连续性，注重色彩上的变化和层次感，营造一种舒心的效果。

学习目标

> 熟练掌握单体建模的技法。

> 熟练掌握多种材质的制作。

> 熟练掌握多种后期处理方法。

　　制作现代风格的客厅，如图 7-1 所示。

图 7-1　现代风格客厅效果图

任务实施

一、导入 CAD 平面图

　　（1）启动 3ds Max 2017 软件，单击"菜单栏"中"自定义"按钮，选择"单位设置"按钮，将单位设置为毫米，如图 3-15 所示。

单体建模的技法

（2）单击"菜单栏"中 （文件）按钮→单击"导入"命令，在弹出的"选择要导入"的文件对话框中选择场景文件中的"客厅.dwg"文件，然后单击"打开"按钮，如图7-2所示。

图 7-2　导入客厅平面图

（3）此时在弹出的对话框中单击 确定 按钮，如图7-3所示。"客厅.dwg"文件就导入到 3ds Max 的场景中，如图7-4所示。

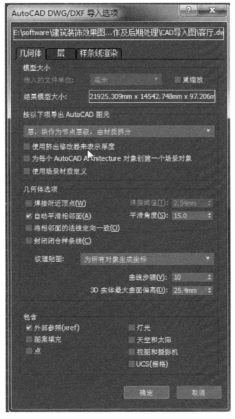

图 7-3　AutoCAD DWG/DXF 导入选项对话框

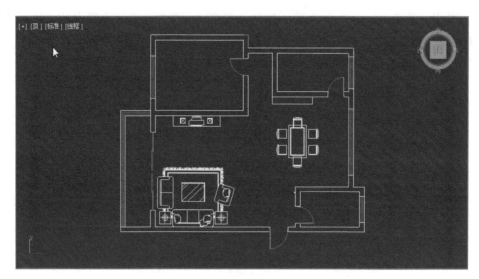

图 7-4　餐厅平面图

注意：导入的平面图已提前在 CAD 中将尺寸删除，导入图纸，保留家具可在建模时能更清楚地理解这个房间的结构。

（4）按下 "Ctrl + A" 键，选择所有图形，单击 "菜单栏" 中 "组" 命令→单击 "成组" 命令，单击 确定 按钮，如图 7-5 所示。

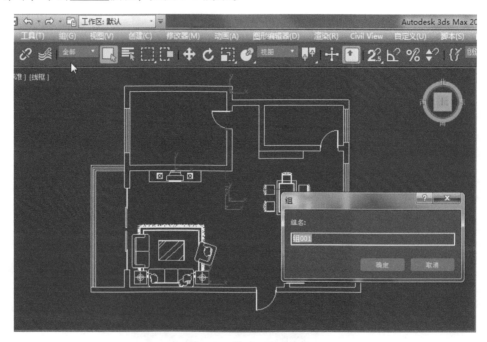

图 7-5　将平面图成组

（5）选择图纸，右击鼠标，在弹出的菜单中选择 "冻结当前选择" 命令，将图纸冻结起来，这样在以后的操作中就不会选择和移动图纸了，如图 7-6 所示。

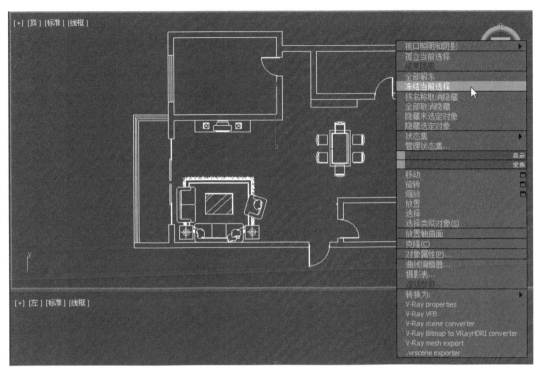

图 7-6　冻结当前图纸

（6）右击"工具栏"中 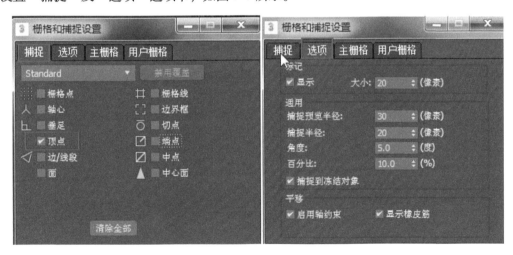（二点五维捕捉）按钮，在弹出的"栅格和捕捉设置"对话框中设置"捕捉"及"选项"选项卡，如图 7-7 所示。

图 7-7　设置捕捉和捕捉选项卡

（7）单击 ＋（创建）→单击 ◎（图形）→单击 ，在顶视图客厅和餐厅的位置绘制墙体的内部封闭图形，如图 7-8 所示。

注意：这里重点表现客厅和餐厅的空间，所以其他空间的墙体就不需要绘制了。

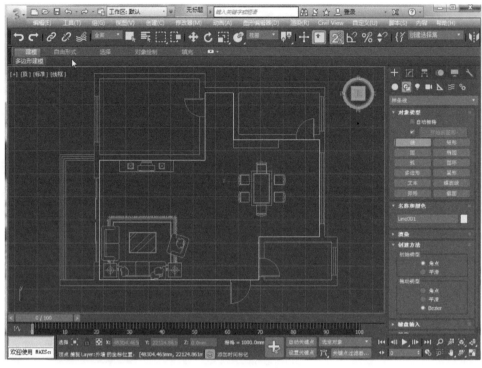

图 7-8　绘制封闭图形

（8）为绘制的图形添加"挤出"命令，数量设置为"2700"（目前商品住宅普遍层高），按 F4 键显示物体的结构线，如图 7-9 所示。

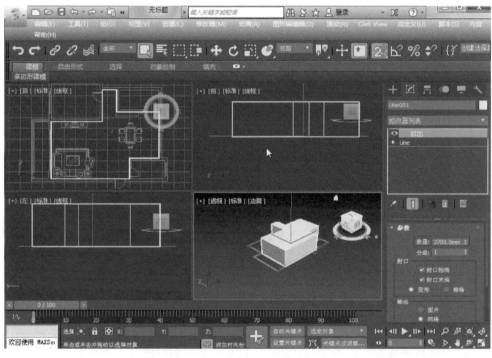

图 7-9　执行"挤出"命令

（9）选择挤出的图形，右击鼠标，在弹出的菜单中选择"转换为"命令→选择"转换为可编辑多边形"命令，将物体转换为可编辑多边形，如图 7-10 所示。

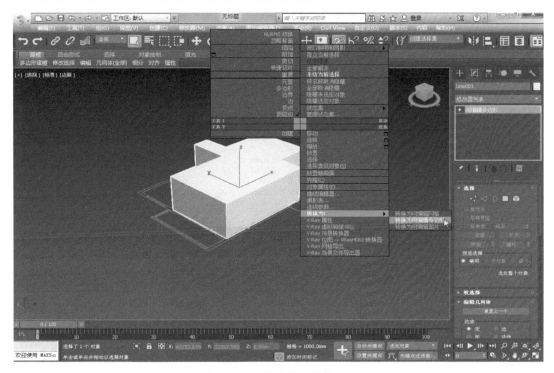

图 7-10　选择转换为可编辑多边形

（10）按下 5 键，进入 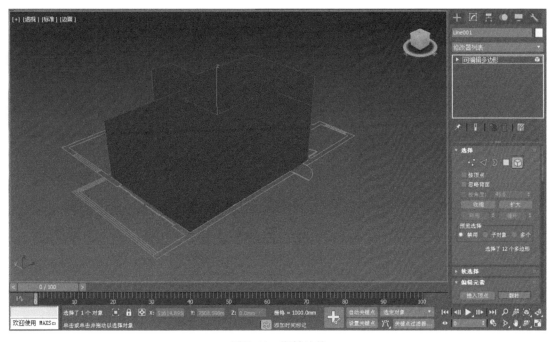（元素）子物体层级，按下 "Ctrl + A" 键，选择"所有多边形"，单击 ▇▇ 翻转 ▇▇ 按钮，翻转法线，如图 7-11 所示。

图 7-11　翻转法线

（11）单击 ⬚（元素）按钮，关闭"元素"子物体层级。为了便于观察，可以对墙体进行消隐。右击鼠标，在弹出的菜单中选择"对象属性"命令，在弹出的对话框中勾选"背面消隐"，如图7-12所示。

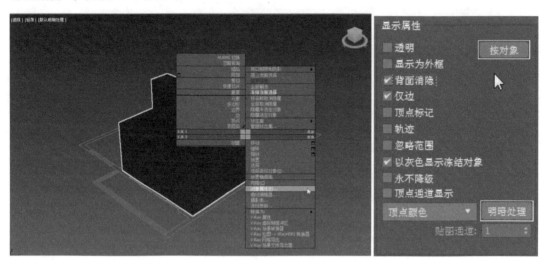

图 7-12　勾选背面消隐

此时，整个客厅和餐厅的墙体就生成了，从里看是有墙体的，但从外面看是空的，如图7-13所示。

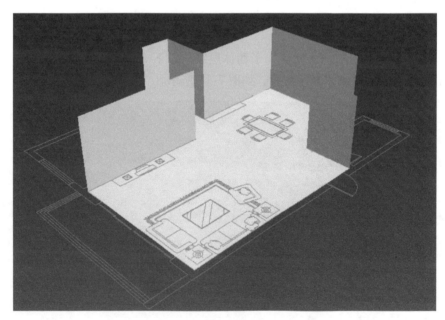

图 7-13　生成墙体

二、制作门窗

（1）选择墙体，按下4键，进入"多边形"子物体层级，在透视图中选择客厅阳台窗户的面，单击"编辑几何体"卷展览下的 分离 按钮，将这个面分离出来，如图7-14所示。

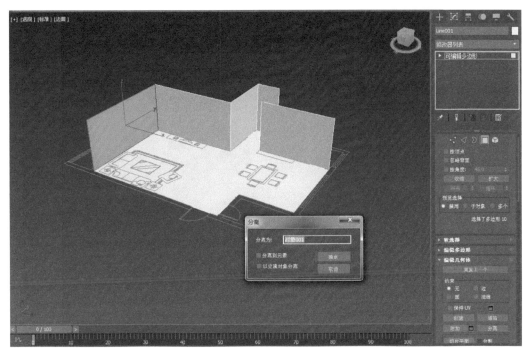

图 7-14　将阳台墙体分离

（2）确认分离出的面处于选中状态，按下 2 键进入"边"子物体层级，选垂直的 2 条边，单击"编辑边"卷展栏下"连接"右侧的▣按钮，在弹出的对话框中将"分段"设置为"1"，单击◉按钮，如图 7-15 所示。

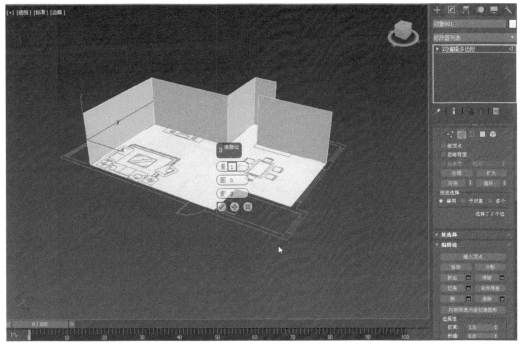

图 7-15　设置垂直边

（3）单击"选择"卷展栏中的 环形 按钮，同时选择水平的 3 条边，单击"编辑边"卷展栏下"连接"右侧的 ▣ 按钮，在弹出的对话框中将"分段"设置为"2"，单击 ✓ 按钮，如图 7-16 所示。

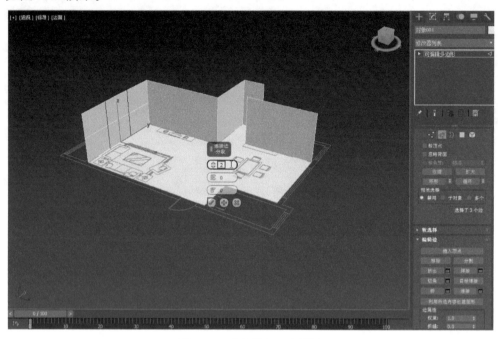

图 7-16　垂直增加 2 条线段

（4）按下〈4〉键，进入"多边形"子物体层级，在透视图中选择中间的面，单击"编辑多边形"卷展栏下的"挤出"右侧的 ▣ 按钮，将"挤出高度"设置为"-240"，如图 7-17 所示。

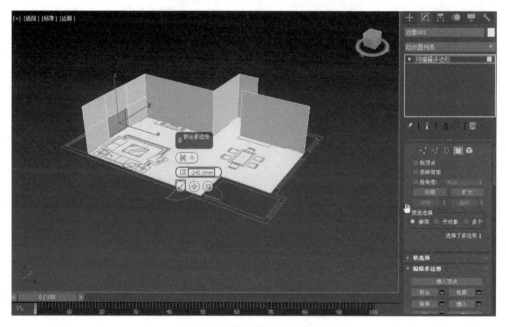

图 7-17　执行挤出生成窗洞

（5）按下〈1〉键，进入"顶点"子物体层级，切换到前视图，在前视图选择中间的一排顶点，单击 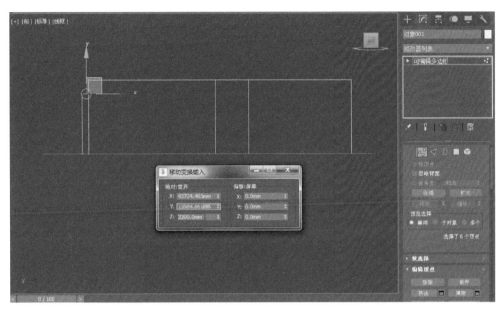 按钮，然后按〈F12〉键，在弹出的对话框中设置"绝对：世界"选项组下"Z"值为"2200"，如图 7-18 所示。

图 7-18　调整顶点位置

（6）将当前视图转换为顶视图，用捕捉的方式将挤出部分的顶点调至窗洞两边的位置，如图 7-19 所示。

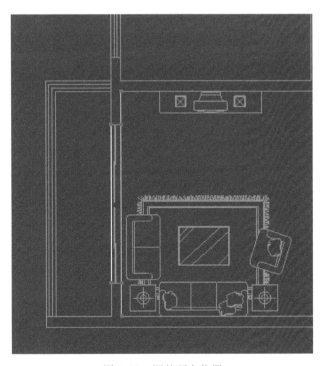

图 7-19　调整顶点位置

（7）按下〈4〉键，进入"多边形"子物体层级，将挤出的面分离出来，用它来制作推拉门，如图7-20所示。

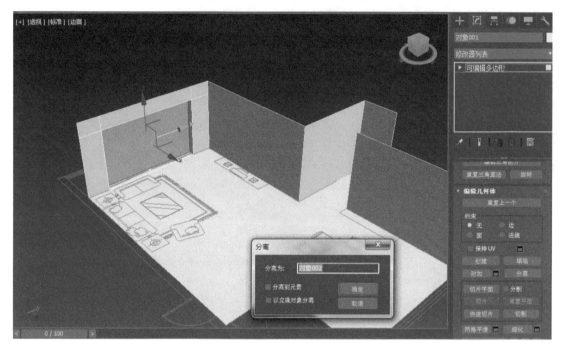

图7-20　制作推拉门

（8）选中分离出来的对象，右击鼠标选择"隐藏未选定对象"，方便后续选择边，如图7-21所示。

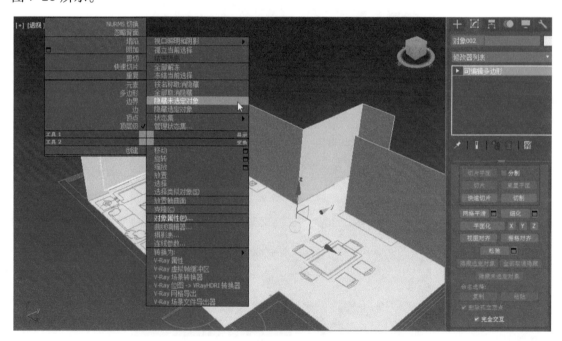

图7-21　选择隐藏未选定对象

（9）按下 2 键进入"边"子物体层级，同时选中水平的 2 条边，单击"编辑边"卷展栏下"连接"右侧的 ▣ 按钮，在弹出的对话框中将"分段"值设为"3"，增加 3 条垂直线段，单击 ✅ 按钮，如图 7-22 所示。

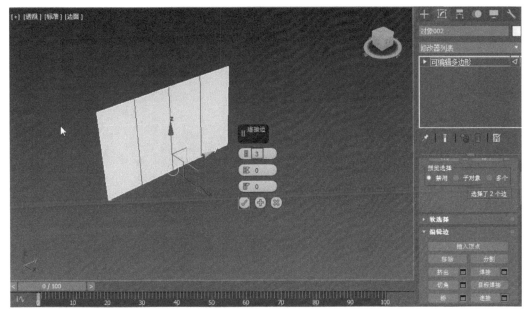

图 7-22　水平增加 3 条线段

（10）在中间 3 条线段被选中的情况下，单击"切角"右边的 ▣ 按钮，在弹出的对话框中将"切角"值设为"30"，单击 ✅ 按钮，如图 7-23 所示。

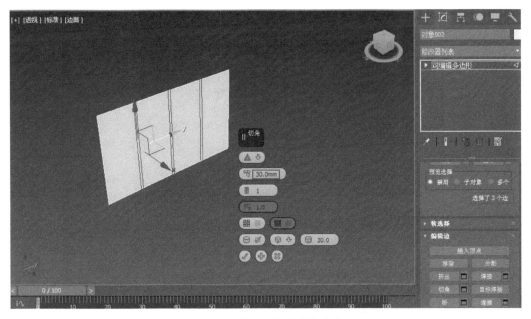

图 7-23　设置中间线段切角值

（11）选中四周的边，单击"切角"右边的 □ 按钮，在弹出的对话框中将"切角"值设为"60"，单击 ✓ 按钮，如图7-24所示。

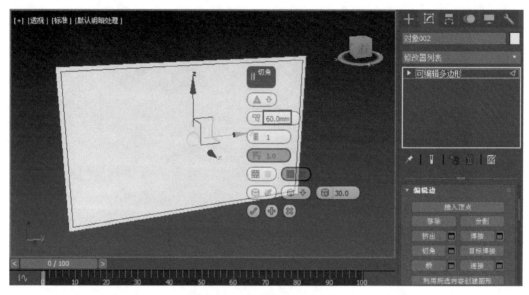

图7-24 设置四周边切角值

（12）按下4键，进入"多边形"子物体层级，选中间的4个面，执行"挤出"命令，将"数量"设为 −60，如图7-25所示。

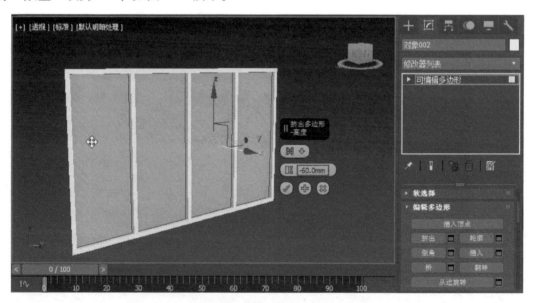

图7-25 执行"挤出"命令

（13）将挤出的4个面删除，右击鼠标选择"全部取消隐藏"，如图7-26所示。

（14）制作好的阳台推拉门，如图7-27所示。按下"Ctrl + S"键，将文件保存为"客厅.max"。

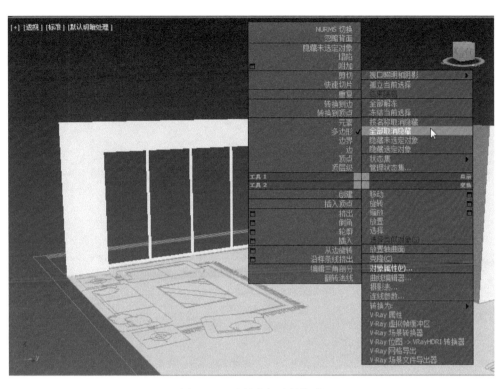

图 7-26　选择全部取消隐藏

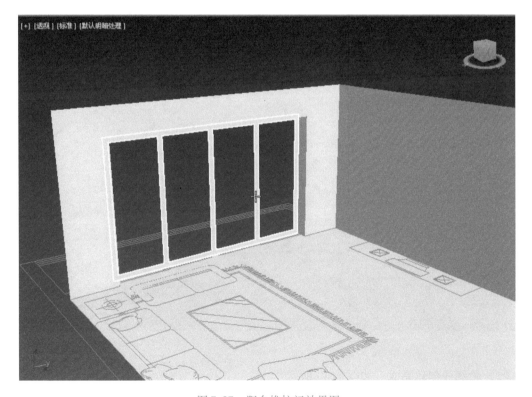

图 7-27　阳台推拉门效果图

三、制作顶棚

（1）单击 ➕ （创建）→单击 🖼 （图形）→单击 █████ ，在顶视图客厅的位置绘制墙体的内部封闭图形，如图 7-28 所示。

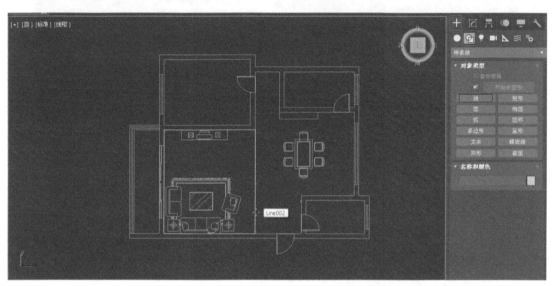

图 7-28　绘制墙体内部封闭图形

（2）按下 3 键，选中"样条线"子物体层级，单击 ████ 按钮，在输入框中输入"﹣300"，然后按 Enter 键，如图 7-29 所示。

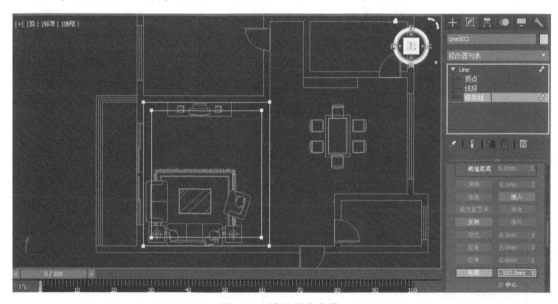

图 7-29　设置轮廓参数

（3）轮廓线创建完成，如图 7-30 所示。

（4）关闭"样条线"子物体层级，如图 7-31 所示。

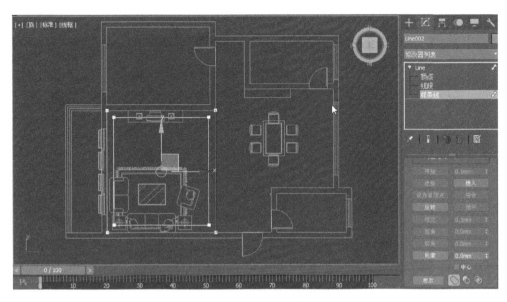

图 7-30　创建轮廓线

图 7-31　关闭"样条线"子物体层级

（5）在"修改器"命令面板中，执行"挤出"命令，将"数量"设置为"100"，如图 7-32 所示。

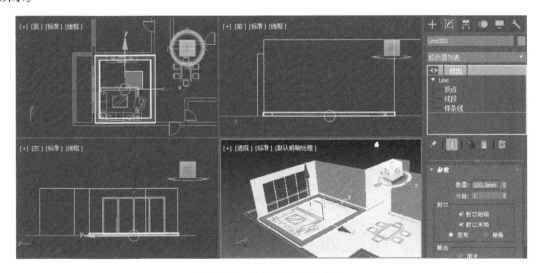

图 7-32　执行"挤出"命令

（6）将做好的顶棚移动到适当的位置，如图7-33所示。

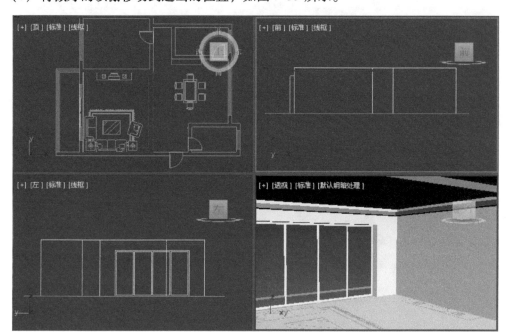

图 7-33　移动顶棚

四、设置摄像机

（1）单击"菜单栏"中的"文件"→单击"导入"→单击"合并"命令，在弹出的"合并文件"对话框中选择配套光盘中的"模块三综合案例\项目七现代客厅的制作及后期处理\模型\客厅家具.max"文件，然后单击"打开"按钮，在弹出的对话框中单击"全部"按钮，再单击"确定"按钮，如图7-34所示。

图 7-34　导入并合并客厅家具

（2）导入家具模型，并把模型移动到合适的位置，如图 7-35 所示。

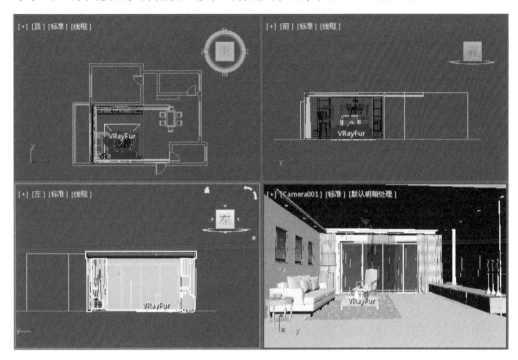

图 7-35　移动家具模型

（3）在顶视图合适的位置创建一个目标摄像机，将摄像机移动到高度为 1000 左右的位置，如图 7-36 所示。

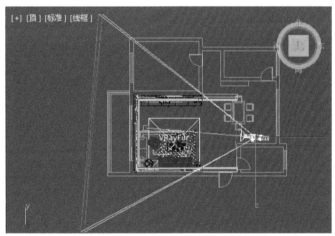

图 7-36　调整摄像机

激活透视图，按 C 键，透视图即变为摄像机视图，将"镜头"修改为"28"，勾选"手动剪切"选项，"近距剪切"设为"1367"，"远距剪切"设为"11364"，如图 7-37 所示。

此时，摄像机被墙体遮挡了一部分，调整摄像机到合适的位置，使摄像机的视线不被家具或墙体所遮挡，如图 7-38 所示。

图 7-37　设置摄像机参数

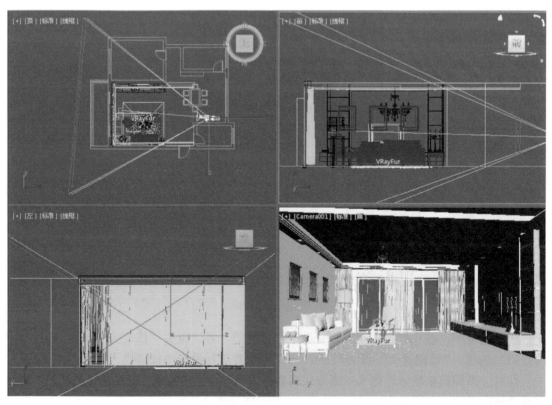

图 7-38　调整摄像机位置

五、设置材质

在调制材质时，应先将 V-Ray 指定为当前渲染器，否则不能在正常状态下使用 V-Ray 材质。

（1）按 F10 键，打开"渲染设置"对话框，选择"公用"选项卡，在"指定渲染器"卷展栏下单击"产品级"右侧的 按钮，选择"V-Ray Adv 3.60.03"，此时当前的渲染器已经指定为 V-Ray 渲染器了，如图 7-39 所示。

图 7-39　指定 V-Ray 渲染器　　　　　　　多种材质的制作

（2）按下 M 键，打开"材质编辑器"对话框，在"菜单栏"中单击 模式(D) 按钮，选择"精简材质编辑器..."命令，即可打开精简材质编辑器。在任意一个材质球上右击鼠标，选择"6×4"示例窗，如图 7-40 所示。

（3）设置乳胶漆材质。选择第一个材质球，单击 Standard （标准）按钮，在弹出的"材质/贴图浏览器"对话框中选择"材质→V-Ray→VRayMtl"，如图 7-41 所示。

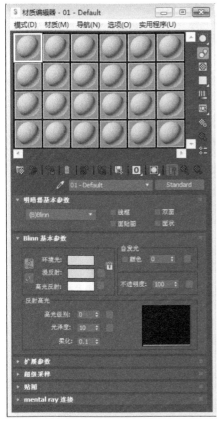

图 7-40　精简材质编辑器

图 7-41　选择 VRayMtl

将材质命名为"白乳胶漆",设置"漫反射"颜色值为"R250/G250/B250",如图 7-42 所示。

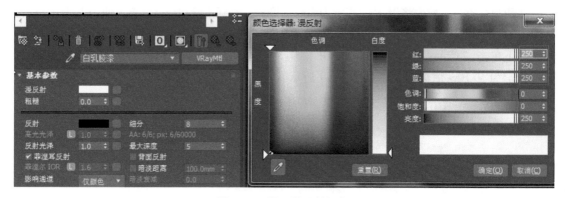

图 7-42　设置漫反射颜色

设置"反射"颜色值为"R20/G20/B20",如图 7-43 所示。

勾选取消"选项"卷展栏下的"跟踪反射"复选框,并将设置好的材质赋予墙体、顶棚和石膏线造型,如图 7-44 所示。

（4）设置地砖材质。选择一个空白材质球,单击 Standard （标准）按钮,在弹出的"材质/贴图浏览器"对话框中选择"材质→V- Ray → VRayMtl",将材质命名为"地砖",在"漫反射"中添加一张"dizhuan. jpg"

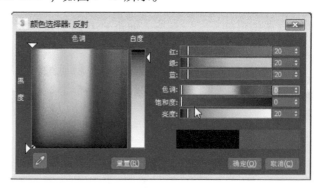

图 7-43　设置反射颜色值

贴图。设置"坐标"卷展栏下的"模糊"值为"0.3",如图 7-45 所示。

图 7-44　赋予材质

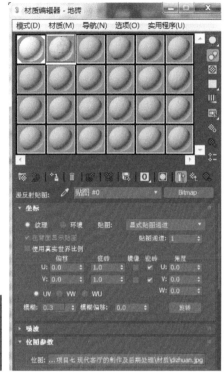

图 7-45　设置地砖材质相关参数

在"反射"中添加"衰减"贴图。设置"衰减类型"为"Fresnel"，如图 7-46 所示。

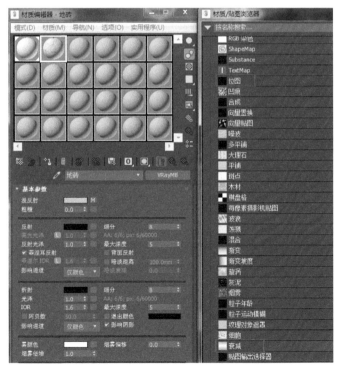

图 7-46　添加衰减贴图

图 7-46　添加衰减贴图（续）

让反射颜色稍偏蓝色，以增强层次感，设置"反射光泽"度为"0.9"，同时设置材质"细分"值为"13"，如图 7-47 所示。

为了增强地砖的凹凸感，在"贴图"卷展栏下，将"漫反射"中的"位图"拖动到"凹凸"通道中，选择"实例"按钮，将"凹凸"值设为"40"，如图 7-48 所示，设置效果如图 7-49 所示。

图 7-47　设置基本参数

图 7-48　设置通道贴图

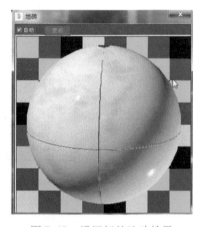

图 7-49　设置好的地砖效果

为了方便赋材质，需要将地板分离出来，将设置好的地砖材质赋予地面，为其添加一个"UVW 贴图"命令，在"贴图"选项中选择"长方体"选项，长宽各设为"800"（如需 600 × 600 地砖，此处设置为"600"），如图 7-50 所示。

（5）设置电视背景墙材质。选择一个空白材质球，单击 Standard （标准）按钮，在弹出的"材质/贴图浏览器"对话框中选择"材质→V- Ray →VRayMtl"，将材质命名为"背景墙"。设置"漫反射"颜色值为"R5/G15/B10"，"反射"颜色值为"R85/G90/B90"。将"高光光泽"度改为"0.95"，设置材质"细分"值为"20"，并将设置好的材质赋予电视背景墙，如图 7-51 所示。

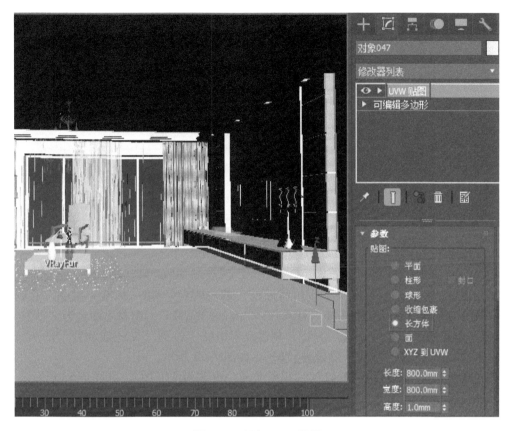

图 7-50　添加 UVW 贴图

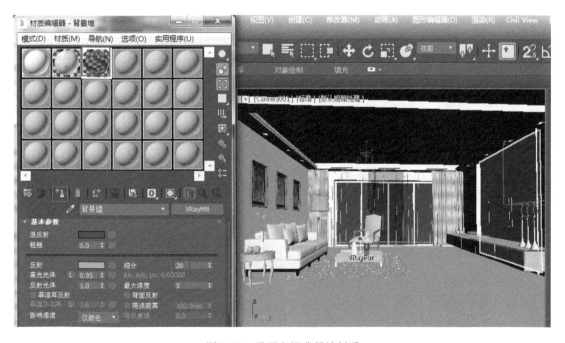

图 7-51　设置电视背景墙材质

图 7-51　设置电视背景墙材质（续）

（6）设置沙发材质。选择一个空白材质球，单击 Standard （标准）按钮，在弹出的"材质/贴图浏览器"对话框中选择"材质→V- Ray →VRayMtl"，将材质命名为"沙发"。在"漫反射"中添加一张"sofa. jpg"贴图，将漫反射中的"位图"贴图拖动到"凹凸"通道中，选择"实例"，将"凹凸"值设为"20"，如图 7-52 所示。

将"高光光泽"度改为"0.41"，"反射光泽"度改为"0.19"，如图 7-53 所示。

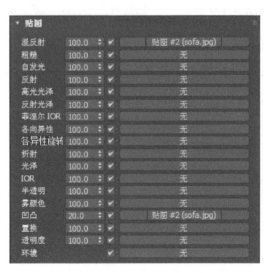

图 7-52　设置凹凸通道数值

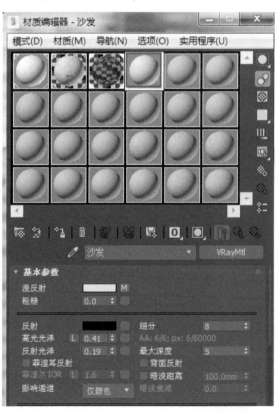

图 7-53　设置高光和反射光泽度

将设置好的沙发材质赋予沙发，如图 7-54 所示。

图 7-54　赋予沙发材质效果图

六、设置灯光

（1）测试参数设置。按 F10 打开"渲染设置"对话框，在"公用参数"里设置测试图像的"宽度"为"600"，"高度"为"375"，取消勾选"渲染帧窗口"复选框，如图 7-55、图 7-56 所示。

图 7-55　设置图像大小

多种后期处理方法

图 7-56　取消勾选渲染帧窗口

在"V-Ray→帧缓冲"卷展栏中勾选"启用内置帧缓冲区（VFB）"，如图 7-57 所示。

在"图像过滤"卷展栏中取消勾选"图像过滤器"复选框，如图 7-58 所示。

图 7-57　设置帧缓冲参数

图 7-58　取消勾选图像过滤器

把"颜色贴图"卷展栏中的"类型"改为"指数"。转换为"高级模式"，设置"暗部倍增"值为"1.8"，"亮部倍增"值改为"0.9"，"伽玛"值为"1.0"，输出"模式"为"颜色贴图和伽玛"，如图 7-59 所示。

在"全局光照（GI）"卷展栏中勾选"启用 GI"复选框。转换为"专家模式"，将"首次引擎"设置为"发光贴图"，"倍增器"设置为"1.2"。将"二次引擎"设置为"灯光缓存"，"倍增器"设置为"0.67"。在"发光贴图"卷展栏的"当前预设"下拉列表中选择"非常低"，如图 7-60 所示。

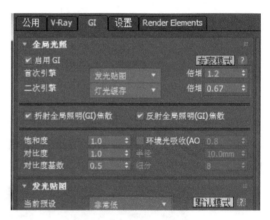

图 7-59　设置颜色贴图

图 7-60　设置 GI 参数

在"GI→灯光缓存"卷展栏中把"细分"值改为"200"，如图 7-61 所示。

（2）设置主光源。点击"命令面板"里的 （灯光）→单击"VRay"→单击 VRayLight，在左视图窗户的位置创建一盏 VR 灯光，如图 7-62 所示。

图 7-61　设置细分值

图 7-62　创建 VR 灯光

设置平面灯光大小与推拉门门洞大小相近，具体参数如图 7-63 所示。

图 7-63　设置灯光参数

将它移动到推拉门的外面，位置如图 7-64 所示。

按"Shift + Q"进行第一次渲染测试，效果如图 7-65 所示。

观察渲染效果，图面太暗。为了得到更高的层次，按 8 键设置天光参数，在"环境贴图"中选择"VRaySky"，如图 7-66 所示。

将"VRaySky"材质关联复制到材质球上，选择"实例"，单击"确定"，如图 7-67 所示。

"VRaySky"贴图具体参数设置如图 7-68 所示。

测试效果如图 7-69 所示。

图 7-64　移动灯光位置

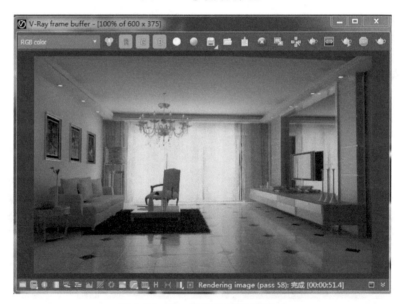

图 7-65　第一次渲染测试效果图

图 7-66　选择 VRaySky

图 7-67　复制 VRaySky 材质球

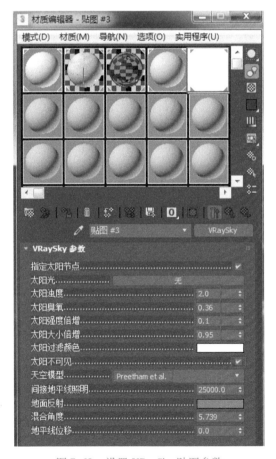

图 7-68　设置 VRaySky 贴图参数

图 7-69　测试效果图

（3）设置辅助光源。点击"命令面板"里的 （灯光）→单击"光度学"→单击 VRayLight，在左视图筒灯的位置创建一盏目标灯光，在"阴影"选项中，勾选"启用"复选框，并选择"VRayShadow"，在"灯光分布（类型）"选项的下拉列表中选择"光度学 Web"，添加一个广域网文件"tongdeng.ies"，如图 7-70 所示。

图 7-70　添加广域网文件

设置发光"强度"为"3000"，"细分"值为"13"，如图 7-71 所示。

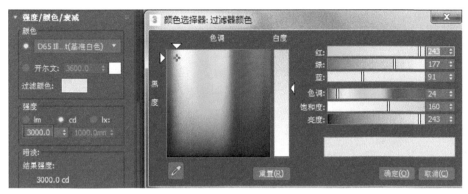

a) 强度设置

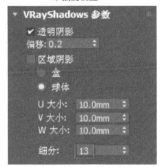

b) 细分值设置

图 7-71 设置相关参数

将上述灯光关联复制 "6" 盏，放置在电视背景、沙发背景墙筒灯处以增加层次，并在沙发背景墙增加一盏 V-Ray 面光源，具体设置如图 7-72 所示。

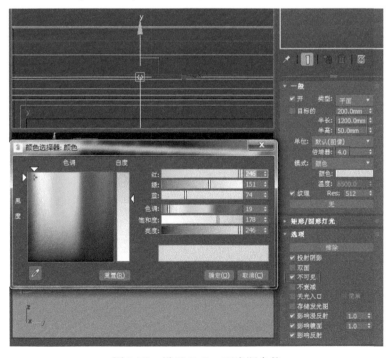

图 7-72 设置 V-Ray 面光源参数

筒灯及 V-Ray 面光源设置位置如图 7-73 所示。

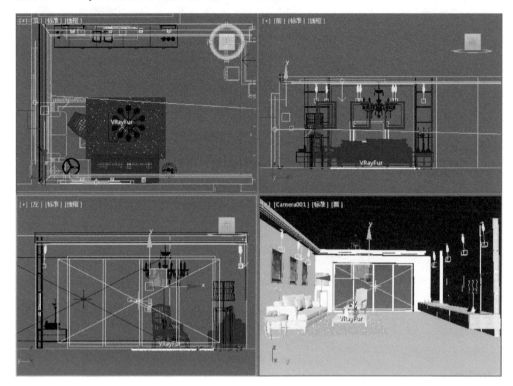

图 7-73　筒灯及 V-Ray 面光源设置位置

按"Shift + Q"进行渲染测试，效果如图 7-74 所示。

图 7-74　测试渲染效果图

　　观察测试效果，发现图面依然偏暗。在顶视图餐厅的位置创建一盏 VR 平面光照向客厅，设置"倍增器"为"2"，"颜色"为"淡蓝色"，勾选"不可见"选项，如图 7-75 和图 7-76 所示。

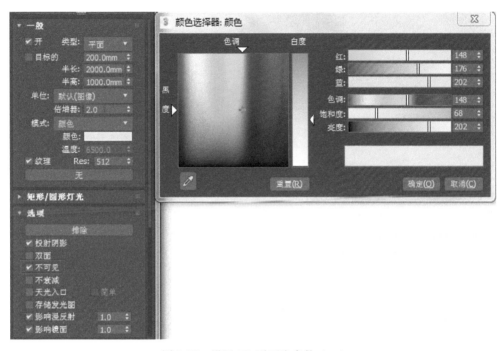

图 7-75　设置 VR 平面光参数（一）

图 7-76　设置 VR 平面光参数（二）

在顶视图客厅的位置创建一盏 VR 平面光，移动到顶棚下面，设置"倍增器"为"0.6"，"颜色"为"淡黄色"，勾选"不可见"和"影响反射"选项，如图 7-77 所示。

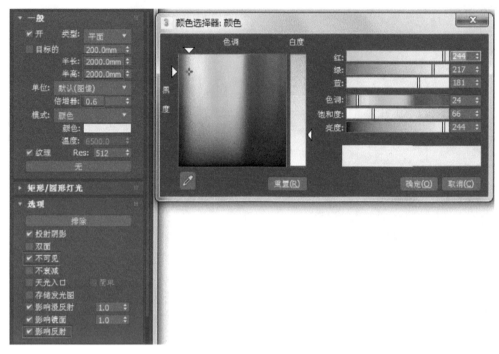

图 7-77 设置 VR 平面光参数（三）

在客厅正对推拉门的位置创建一盏 VR 平面光照向客厅，设置"倍增器"为"2.8"，"颜色"为"暖黄色"，勾选"不可见"选项，如图 7-78 所示。

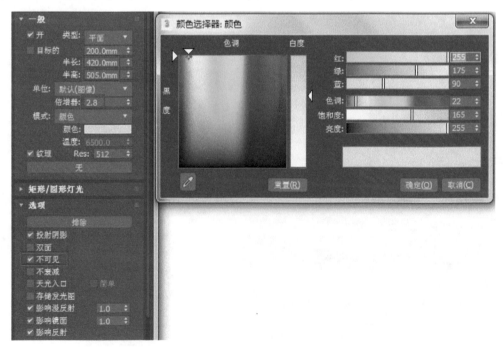

图 7-78 设置 VR 平面光参数（四）

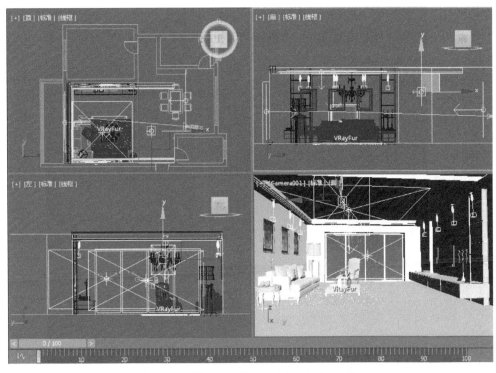

图 7-78　设置 VR 平面光参数（四）（续）

在顶视图复制上一步的 VR 平面光到沙发的侧面，把"倍增器"改为"0.4"，如图 7-79 所示。

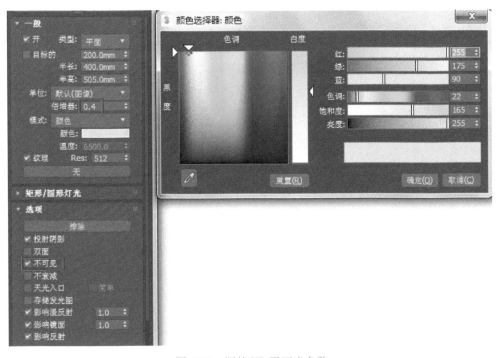

图 7-79　调整 VR 平面光参数

在落地灯的位置创建一盏 VR 球形光，"倍增器"设置为"80"，"半径"设置为"60"，勾选"不可见"选项，放在灯罩里面，如图 7-80 和图 7-81 所示。

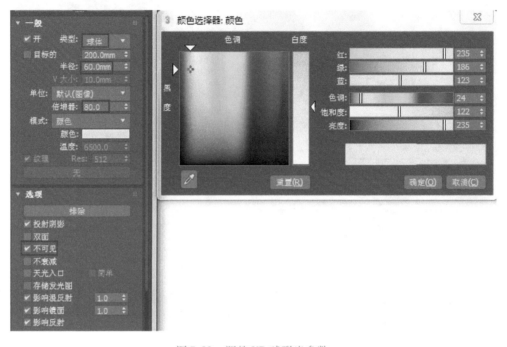

图 7-80　调整 VR 球形光参数

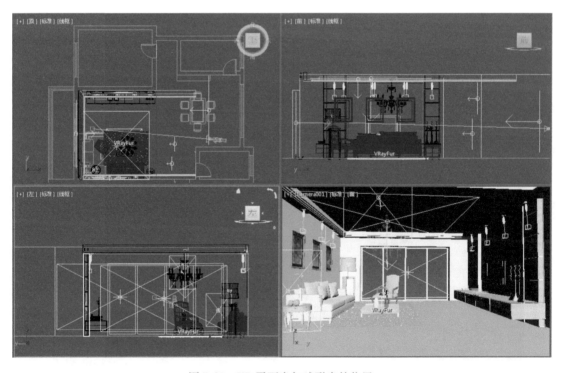

图 7-81　VR 平面光与球形光的位置

观察测试效果，画面基本达到理想效果，其中存在的不足可以在后期处理中进行调整，如图 7-82 所示。

图 7-82　测试效果图

七、渲染出图

（1）设置渲染"图像大小"，将"宽"设置为"1520"，"高"设置为"950"，如图 7-83 所示。

（2）打开 V-Ray "图像过滤"将过滤器设置为"Mitchell- Netravali"，如图 7-84 所示。

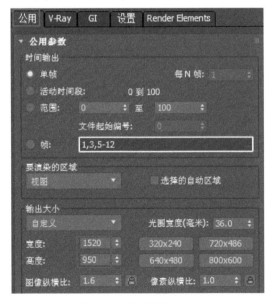

图 7-83　设置图像大小

图 7-84　设置过滤器

在 GI "发光贴图" 卷展栏的 "当前预设" 下拉列表中选择 "高",设置 "细分" 为 "50",如图 7-85 所示。

在 "灯光缓存" 卷展栏中把 "细分" 改为 "1200","采样大小" 为 "0.01",如图 7-86 所示。

图 7-85　设置发光贴图参数

图 7-86　设置灯光缓存参数

关闭 V-Ray "帧缓冲",如图 7-87 所示。

返回到 "公用" 选项卡,勾选 "渲染帧窗口",如图 7-88 所示。关闭 V-Ray 帧缓存器是需要在渲染出图时设置通道,但此程序暂时不支持 V-Ray 帧缓存,所以需关闭,为了显示图形,需勾选 "公用" 选项卡中的 "渲染帧窗口" 复选框。

图 7-87　关闭帧缓冲

图 7-88　选择渲染帧窗口

（3）在"Render Elements"选项卡中单击添加...按钮，在弹出的对话框中选择"VRayRen-derID"，设置后在成品图渲染完成后会出现一张通道图，如图 7-89 所示。

等待渲染完成，最终效果如图 7-90 和图 7-91 所示。

（4）单击"菜单栏"中的"文件→保存"命令，将此造型保存为"装饰物 . max"文件。

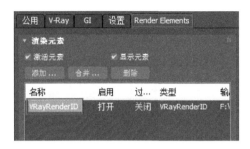

图 7-89　添加 VRayRenderID

图 7-90　现代客厅效果图

图 7-91　彩色通道图

八、Photoshop 后期处理

（1）启动 Photoshop CS5 软件，打开上面渲染的"客厅.jpg"和"通道.jpg"文件，单击 ▶ （移动）按钮，按住 Shift 将"通道.jpg"拖动到"客厅.jpg"中，效果如图 7-92 所示。

图 7-92　合并后客厅效果图

注意：按住〈Shift〉将"通道.jpg"拖动到"客厅.jpg"中，这样更方便对于文件的修改。

（2）关闭"通道.jpg"文件，在"图层面板"中关闭"图层1"，观察客厅效果，图面偏暗，需要先进行"亮度"和"对比度"的处理。复制"背景层"，按"Ctrl + M"键打开"曲线"对话框，调整参数如图 7-93 所示。

（3）调整顶棚亮度。确认当前图层在通道层上，单击 魔棒工具 W 按钮，然后在图像上单击"顶棚"，此时顶棚被选中，在图层面板上回到"背景副本"层，按"Ctrl + J"键把选区单独复制一个图层，按"Ctrl + L"调节顶棚的"亮度"和"对比度"，如图 7-94 所示。

（4）单击 🔍 （减淡）按钮，调整"曝光度"为"8%"，将画笔直径调大，在需加亮的位置扫几下，用同样的方法把窗帘、电视、沙发、电视背景墙及一些小饰品单独复制一层，调整明暗变化，进行"亮度对比度"和"色彩平衡"的处理，调整完后，把可见图层合并，复制调整后的图层，在"图层"下拉列表框中选择"柔光"，设置"不透明度"为"45%"，如图 7-95 所示。

（5）确认图层面板最上方为当前层，在"图层面板"下方单击 ◑ （创建新的填充或调

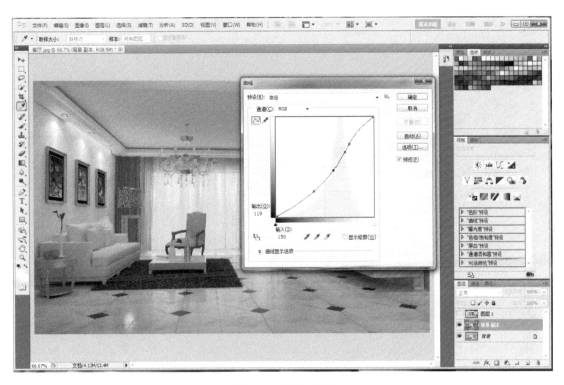

图 7-93　调整亮度

图 7-94　调整顶棚亮度和对比度

整图层）按钮，在弹出的菜单中选择"照片滤镜"，设置参数如图 7-96 所示。

图 7-95　添加柔光效果

图 7-96　设置照片滤镜参数

　　客厅的 Photoshop 后期处理已基本完成，读者可根据自己的喜好，使用工具进行精细调整，最终效果如图 7-1 所示。

知识链接

（1）对于客厅的设计既要把握好整体的设计风格和色调，又要考虑在使用过程中是否便利。

（2）作为一个设计师在拿到一套方案的时候，需要先对户型有大致了解，再有针对性地了解客户的爱好，逐步细化，针对户型的特点设计出来一套"以人为本"的方案。

任务评价

任 务 内 容	满　　分	得　　分
本项任务需在六课时内完成	10 分	
客厅的灯光效果是否合理	35 分	
色彩搭配是否美观大方	35 分	
家具的比例关系是否协调	20 分	

项目八 现代餐厅的制作方法及 Photoshop 的后期处理

项目概述

  本餐厅的方案采用现代的材质和工艺，不仅拥有明显的时代特征，还具有典雅和端庄的气质，酒柜与餐椅的色彩搭配，使整个空间充满连续性和层次感，室内外色彩鲜艳，光影变化丰富，使整个空间体现出明快、通透和轻松的效果。

学习目标

  ❯ 熟练掌握单面建模的技法。

  ❯ 熟练掌握多种材质的制作。

  ❯ 熟练掌握多种后期处理方法。

  制作现代风格的餐厅，如图 8-1 所示。

图 8-1　现代风格餐厅效果图

任务实施

一、导入 CAD 平面图

（1）启动 3ds Max 2017 软件，单击"菜单栏"中的"自定义"按钮，选择"单位设置"，将系统单位设置为毫米，如图 8-2 所示。

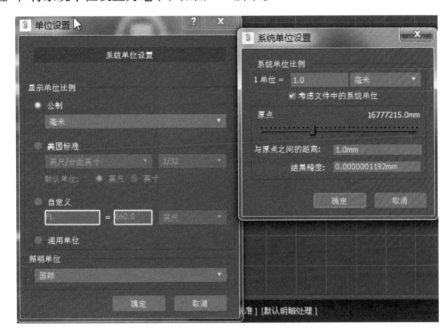

单面建模的技法

图 8-2　单位设置

（2）单击"菜单栏"中的 （文件）按钮→单击"导入"命令，在弹出的"选择要导入的文件"对话框中，"文件类型"选择"所有格式"，打开场景文件中的"餐厅.dwg"文件，然后单击"打开"按钮，如图 8-3 所示。

图 8-3　导入餐厅平面图

（3）这样，文件就导入到 3ds Max 的场景中，如图 8-4 和图 8-5 所示。

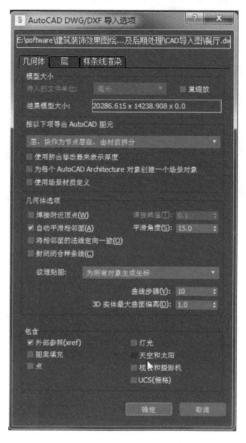

图 8-4　AutoCAD DWG/DXF 导入选项对话框

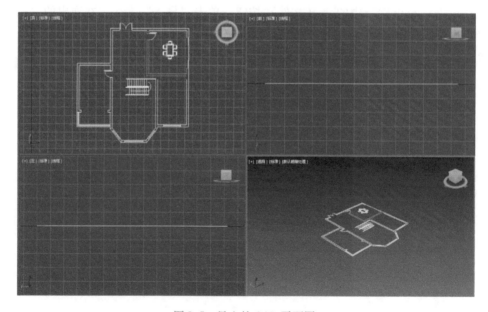

图 8-5　导入的 CAD 平面图

注意： 导入的平面图已提前在 CAD 中将尺寸删除，所以导入图纸时只保留了墙体，是为了建模时能更清楚地理解这个房间的结构。

（4）按下"Ctrl + A"键，选择所有图形，单击"菜单栏"中的"组"命令→单击"成组"命令，单击 确定 按钮，如图 8-6 所示。

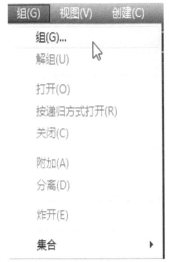
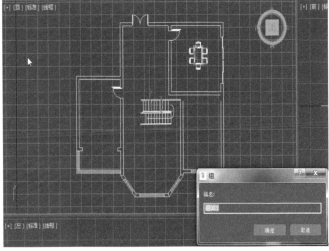

图 8-6　将平面图组成组

（5）选择图纸，右击鼠标，在弹出的菜单中选择"冻结当前选择"命令，将图纸冻结起来，这样在以后的操作中就不会选择和移动图纸了，如图 8-7 所示。

（6）右击 （二点五维捕捉）按钮，在弹出的"栅格和捕捉设置"对话框中设置"捕捉"和"选项"的相关参数，如图 8-8 所示。

（7）单击 ➕（创建）→单击 🖊（图形）→单击 线 ，在顶视图餐厅的位置绘制墙体的内部封闭图形，如图 8-9 所示。

图 8-7　选择"冻结当前选择"

图 8-8　设置捕捉和选项参数

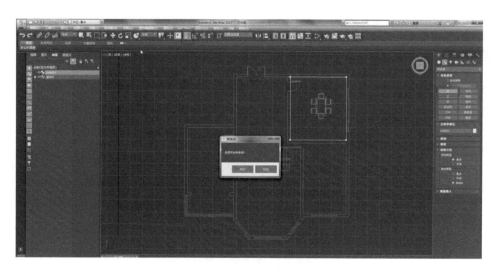

图 8-9　绘制墙体内部封闭图形

注意：这里重点表现餐厅的空间，所以其他空间的墙体就不需要绘制了。

（8）为绘制的图形在"修改器"列表中添加"挤出"命令，"数量"设置为"2700"，按 F4 键显示物体的结构线，如图 8-10 所示。

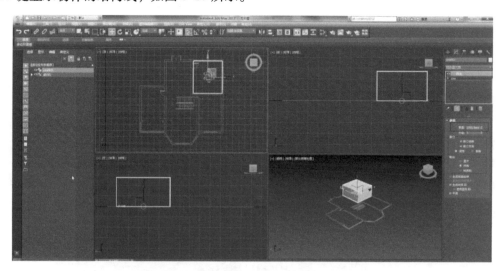

图 8-10　执行"挤出"命令

（9）选择挤出的图形，右击鼠标，在弹出的菜单中选择"转换为"命令→单击"转换为可编辑多边形"命令，将物体转换为可编辑多边形，如图 8-11 所示。

（10）按下 5 键，进入 （元素）子物体层级，（或者按下 4 键，进入 （多边形）子物体层级，按下"Ctrl + A"键，选择所有多边形），单击"编辑元素"卷展栏下"翻转"按钮，如图 8-12 所示。

（11）为了便于观察，可以对墙体进行消隐。右击鼠标，在弹出的菜单中选择"对象属

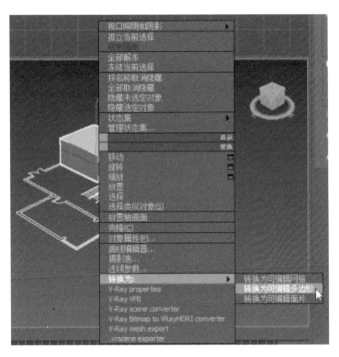

图 8-11　转换为可编辑多边形

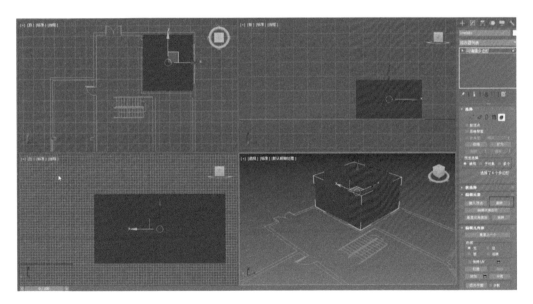

图 8-12　翻转法线

性"命令，在弹出的对话框中勾选"背面消隐"，此时，整个客厅餐厅的墙体就生成了，从里看是有墙体的，但从外面看是空的，如图 8-13 和图 8-14 所示。

（12）选择墙体，按下 4 键，进入■（多边形）子物体层级（或者按下 5 键，进入▣（元素）子物体层级，透视图中选择餐厅推拉门的面，单击"编辑几何体"卷展览下的 分离 按钮，）将这个面分离出来，如图 8-15 所示。

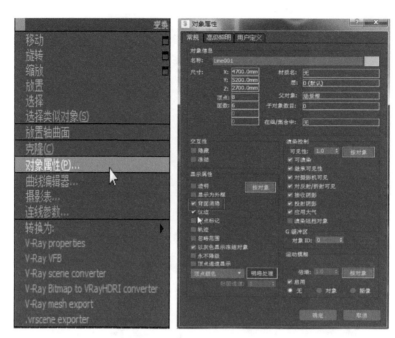

图 8-13　勾选背面消隐

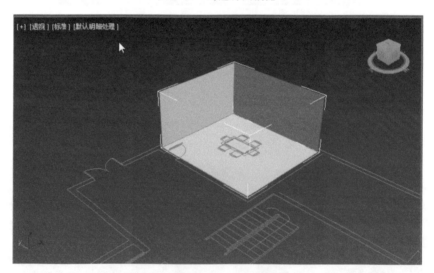

图 8-14　生成墙体

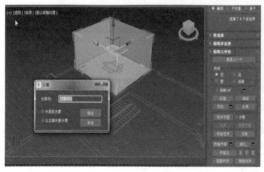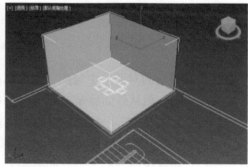

图 8-15　将阳台墙体分离

（13）由于我们将要在这个面做推拉门，且直接倒入模型即可，所以将这个面删除掉，如图 8-16 所示。

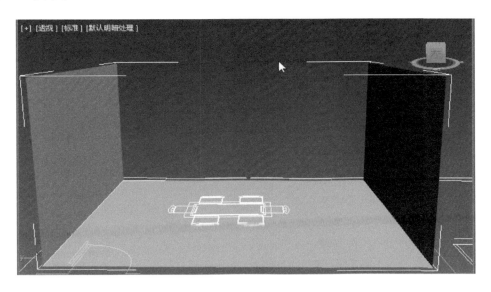

图 8-16　删除墙面

二、制作吊顶

（1）单击 ➕（创建）→单击 ◗（图形）→单击 ▭ 线 ，在顶视图客厅的位置绘制墙体的内部封闭图形，如图 8-17 所示。

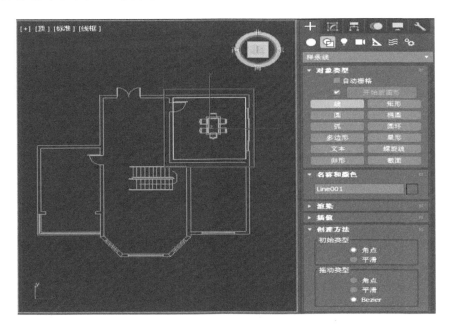

图 8-17　绘制墙体内部封闭图形

（2）按下〈3〉键，进入"样条线"子物体层级，单击"几何体"卷展览下 轮廓 按钮，在旁边的文本输入框中输入"600"，回车，重命名为"吊顶"，如图 8-18 所示。

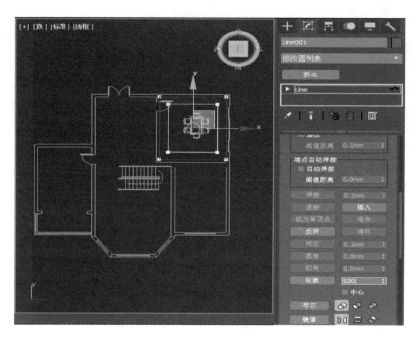

图 8-18　创建轮廓线

（3）单击 （创建）→单击 （图形）→单击 矩形 ，在顶视图绘制一个矩形，长度为"150"，宽度为"3500"，如图 8-19 所示。

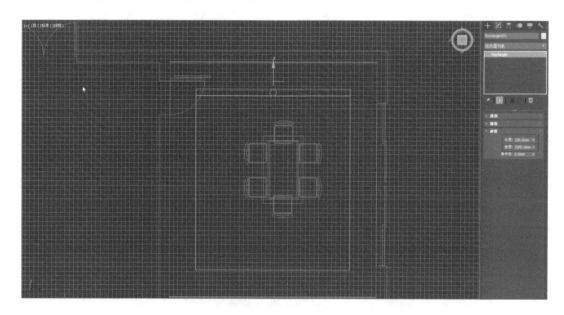

图 8-19　绘制矩形

（4）选中上一步创建的矩形，与边对齐，单击"菜单栏"中的"工具"→单击"阵列"，把第一行的"Y轴"增量改为"－770"，"阵列维度"数量设置为"6"，如图 8-20 和图 8-21 所示。

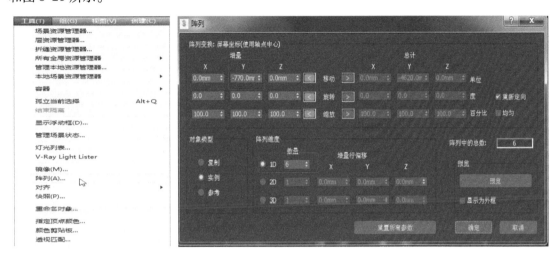

图 8-20　阵列矩形

注：间距计算 =（全长－矩形宽）/（维度数量－1），即本案例间距 =（4000－150）/（6－1）= 770

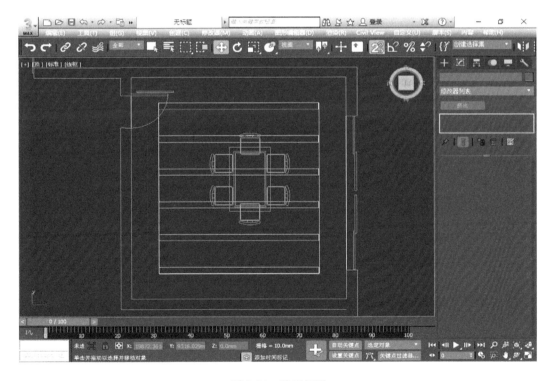

图 8-21　阵列矩形

（5）用同样的方法再绘制一个长度为 4000，宽度为 150 的矩形，绘制后如图 8-22

所示。

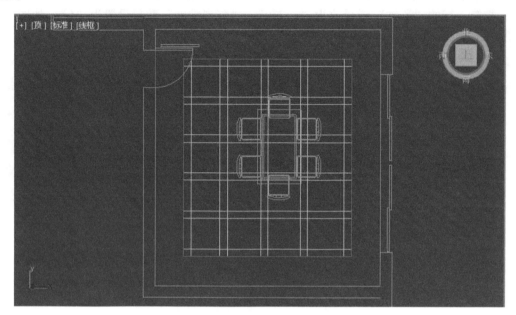

图 8-22 绘制矩形效果图

（6）将四周的矩形删除，如图 8-23 所示。

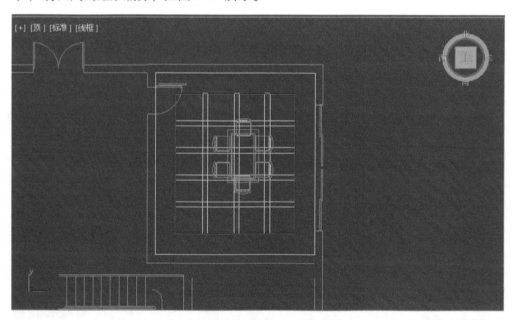

图 8-23 删除四周矩形

（7）选择"所有矩形"，执行"挤出"命令，"数量"设置为"100"，把它移动到适当的位置并成组，如图 8-24 所示。

（8）选择第（2）步创建的"线吊顶"，执行"挤出"命令，"数量"设置为"60"，把它移动到适当的位置，如图 8-25 所示。

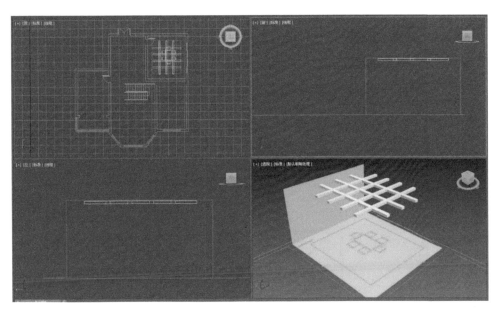

图 8-24　执行"挤出"命令

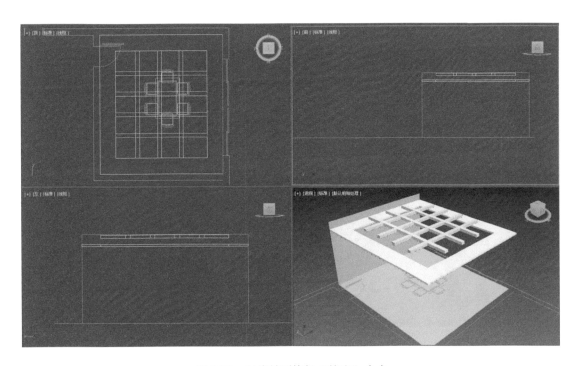

图 8-25　对线吊顶执行"挤出"命令

三、设置摄像机

（1）单击"菜单栏"中的"导入"命令→单击"合并"命令，在弹出的"合并文件"对话框中选择场景文件"餐厅/餐厅家具．max"文件，然后单击"打开"按钮，在弹出的对话框中单击"全部"按钮，再单击 确定 按钮，调入家具模型，并把模型移动到合适的位置，如图 8-26 和图 8-27 所示。

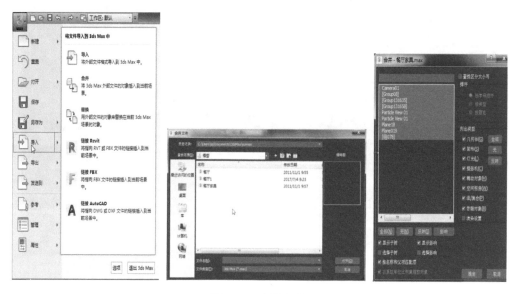

图 8-26　合并家具

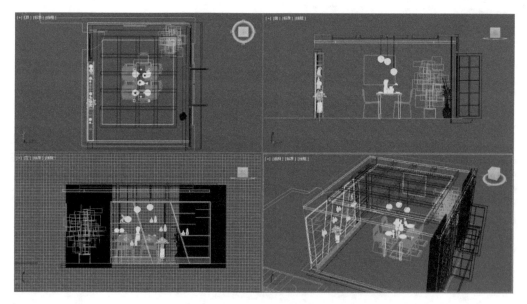

图 8-27　调整家具位置

（2）在顶视图合适的位置创建一个目标摄像机，将相机移动到高度为"1000"左右，激活透视图，按下 C 键，透视图即变为摄影机视图，调整摄影机到合适的位置，将"镜头"修改为"30"，摄影机被墙体遮挡了一部分，在右侧修改器的"参数"卷展栏里勾选"手动剪切"，设置"近距剪切"为"5659"（超过近处遮挡物），"远距剪切"为"11375"（超过整个房间），使摄影机的视线不被家具和墙体所遮挡，如图 8-28 所示。

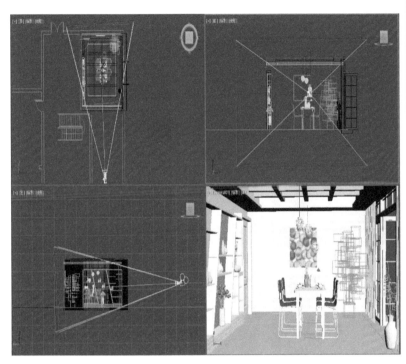

图 8-28　设置摄影机参数

四、设置材质

在调制材质时，应先将 V-Ray 指定为当前渲染器，否则不能在正常状态下使用 V-Ray 材质。

（1）按 F10 键，打开"渲染场景"对话框，选择"公用"选项卡，在"指定渲染器"卷展栏下单击产品级右侧的■按钮，选择"V-Ray Adv 3.60.03"，此时当前的渲染器已经指定为 VRay 渲染器了，如图 8-29 所示。

（2）按下 M 键，打开〈材质编辑器〉对话框，在"菜单栏"中点击 模式(D) 按钮，选择"精简材质编辑器"，在弹出的材质编辑器中任意一个材质球上右击鼠标，选择"6×4 示例窗"，如图 8-30 所示。

（3）设置乳胶漆材质。选择第一个材质球，单击 Standard （标准）按钮，在弹出的"材质/贴图浏览器"对话框中选择"VRay Mtl"，如图 8-31 所示。将材质命名为"白乳胶漆"，设置"漫反射"颜色值为"R250/G250/B250"，如图 8-32 所示。设置"反射"颜色值为"R20/G20/B20"，如图 8-33 所示。取消勾选"选项"卷展栏下的"跟踪反射"，并赋予墙体、吊顶和石膏线造型，如图 8-34 所示。

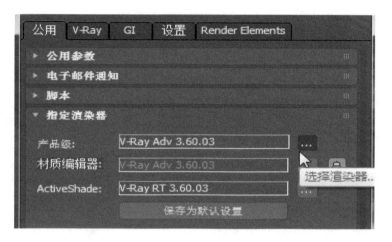

多种材质的制作

图 8-29　指定 V-Ray 为当前渲染器

图 8-30　设置材质编辑器参数

图 8-31　选择 VRayMtl

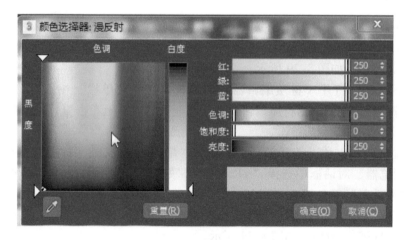

图 8-32　设置漫反射颜色

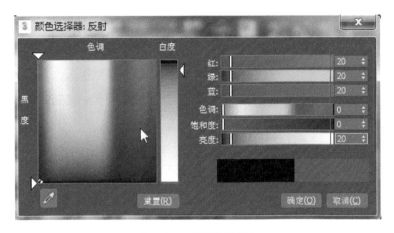

图 8-33　设置反射颜色

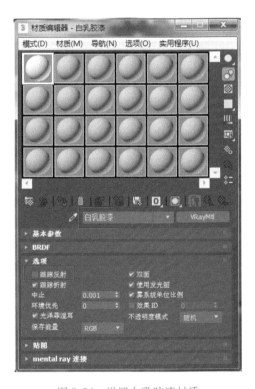

图 8-34　设置白乳胶漆材质

（4）设置地板材质。选择一个材质球，单击 ▢Standard▢（标准）按钮，在弹出的"材质/贴图浏览器"对话框中选择"VRayMtl"，将材质命名为"地板"，点选"漫反射"右侧按钮，点选"位图"，添加一张"地板 . jpg"贴图，如图 8-35 所示。设置"坐标"卷展栏下的"模糊"值为"0.3"，如图 8-36 所示。在"反射"中添加"衰减"贴图，设置"衰减类型"为"Fresnel"，让反射颜色稍偏蓝色，以增强层次感，如图 8-37 所示。设置"高光光泽"度为"0.85"，"反射光泽"度为"0.9"，如图 8-38 所示。

为了增强地板的凹凸感，在"贴图"卷展栏下，将漫反射中的"位图"拖动到凹凸通

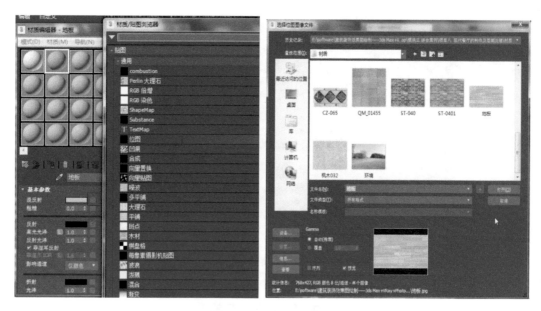

图 8-35　添加地板贴图

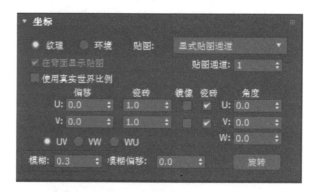

图 8-36　设置模糊值

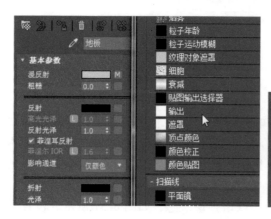

图 8-37　添加衰减贴图

图 8-38　设置衰减类型及高光、反射光泽度

道中，选择"实例"，将"数量"设置为"13"，如图 8-39，结果如图 8-40 所示。

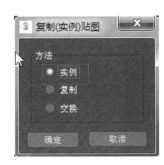

图 8-39　设置贴图通道

图 8-40　设置好的地板效果

为方便赋材质，需要将地板分离出来，将调好的地板材质赋予地面。

（5）设置玻璃材质。选择一个空白材质球，单击 Standard （标准）按钮，在弹出的"材质/贴图浏览器"对话框中选择"VRayMtl"，将材质命名为"玻璃"，漫反射、反射和折射的白度都调低，具体设置数值如图 8-41 所示，结果如图 8-42 所示。将调好的玻璃材质赋给花瓶等玻璃物体。

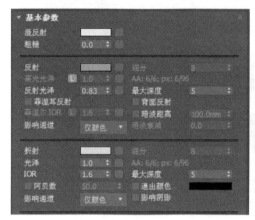 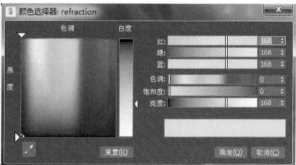

图 8-41 设置具体参数

图 8-42 玻璃材质球效果

之前合并的物体，已经赋予材质了，在此就不需要另赋予了。

五、设置灯光

（1）测试参数设置。按 F10 打开"渲染设置"对话框，在"公用→输出大小"里设置测试图像的"宽"为"600"，"高"为"375"，在"渲染输出"里取消勾选"渲染帧窗口"，如图 8-43 所示。

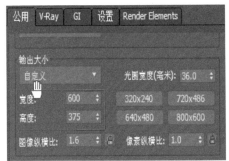

设置灯光及
渲染出图

图 8-43　设置测试参数

在"帧缓冲"卷展栏中勾选"启用内置
帧缓冲区（VFB）"（利用 V-Ray 软件的内置
帧缓冲，可减少内存使用，缩短渲染时间，功
能也更强大），如图 8-44 所示。在"图像采样
（抗锯齿）"卷展栏中选择"块"，勾选"图像
过滤器"，把"颜色贴图"卷展栏中的"类型"改为"指数"，如图 8-45 所示。

图 8-44　设置帧缓冲

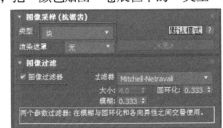 

图 8-45　设置图像采样和颜色贴图

在"间接照明"卷展栏中勾选"开"，首次引擎"倍增器"改为"1.2"，二次引擎
"倍增器"改为"0.67"，勾选"灯光缓存"。在"发光贴图"卷展栏中"当前预制"选择
"非常低"（这样可以加快渲染速度）。在"灯光缓存"卷展栏中"细分"值改为"200"，
如图 8-46 所示。

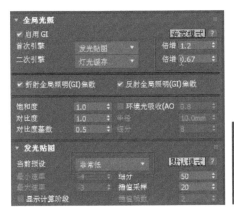 

图 8-46　设置相关参数

（2）设置主光源。点击"命令面板"里的 （灯光）按钮→单击 ![VRaySun] 按钮，创建一盏 VR 阳光，参数设置如图 8-47 所示，位置参考如图 8-48 所示。

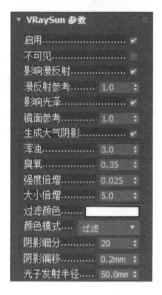

图 8-47　设置 VRaySun 参数

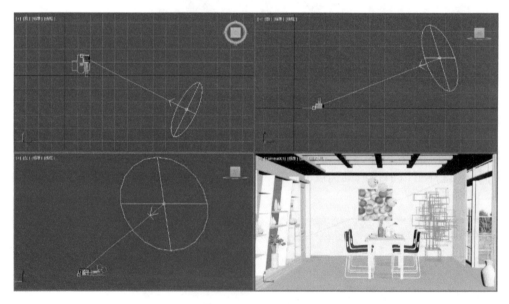

图 8-48　VRaySun 位置

按 8 键，给环境通道添加一个"环境.jpg"贴图，如图 8-49 所示。

按 F9 进行第一次测试渲染，测试渲染效果如图 8-50 所示。

（3）设置辅助光源。在顶视图天花的位置创建一盏 VR 平面光，移动到天花下面，设置"倍增器"为"3"，"半长"为"1960"，"半宽"为"51"，"颜色"为"淡黄色"，"细分"为"12"，勾选"不可见"选项。设置好后把这盏灯镜像放在天花的另一边。

图 8-49　添加环境贴图

图 8-50　测试渲染效果图

复制上述光源旋转90°，"调整半长"为"1607"，"半宽"为"51"，设置好后把这盏灯镜像放在天花的另一边，如图8-51所示。

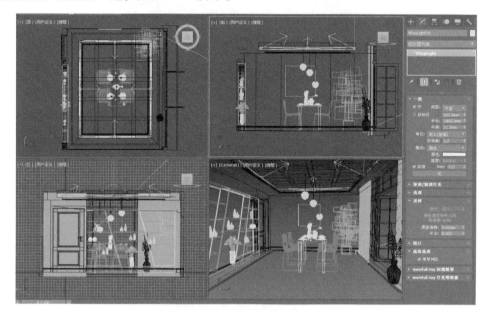

图8-51 设置辅助光源

观察测试效果，画面基本达到理想效果，如图8-52所示，其中存在的不足可以在后期处理中进行调整。

图8-52 测试效果图

六、渲染出图

（1）按 F10 设置渲染"图像大小"，将"宽"设置为"1520"，"高"设置为"950"。打开 V-Ray 栏的"图像过滤器"卷展栏，详细设置如图 8-53 和图 8-54 所示。

图 8-53　设置图像大小

图 8-54　设置图像过滤器

（2）在 GI 栏"发光贴图"卷展栏中，将"当前预设"改为"高"，半球"细分"为"50"，如图 8-55 所示。"灯光缓存"卷展栏中把"细分"改为"1200"，"采样大小"为"0.01"，如图 8-56 所示。为了显示图形，需打开公用里面的渲染帧窗口，返回到"公用"参数面板，勾选"渲染帧窗口"。

图 8-55　设置发光贴图

（主要利用 3ds Max 自带渲染器，可生成通道图形）关闭 V-Ray 栏"帧缓冲"里的"启用内置缓冲区（VFB）"，如图 8-56 ~ 图 8-58 所示。

图 8-56　设置灯光缓存

图 8-57　勾选渲染帧窗口

（3）在"Render Elements"面板中单击 添加… 按钮，在弹出的对话框中选择"VRay Render ID"，如图 8-59 所示。

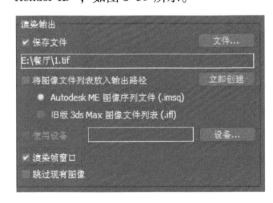

图 8-58　关闭启用内置帧缓冲区（VFB）

图 8-59　选择 VRay Render ID

等待十几分钟后，渲染完成，最终效果图及通道图如图 8-60 和图 8-61 所示。

图 8-60　餐厅效果图

图 8-61　彩色通道图

（4）单击"菜单栏"中的"文件"命令→单击"保存"命令，将此模型保存为"餐厅.max"文件。

七、Photoshop 后期处理

（1）启动 Photosho CS5 软件，打开上面渲染的"餐厅 . tif"和"通道 . tif"文件，单击
（移动）按钮，按住 Shift 将"通道 . tif"拖动到"餐厅 . tif"中，效果如图 8-62 所示。

图 8-62　合并后餐厅效果图

注意： 按住 Shift 将"通道 . tif"拖动到"餐厅 . tif"中，这样更方便对于文件的修改。

（2）关闭"通道 . tif"文件，在"图层面板"中将"图层 1"关闭，观察餐厅效果，图
面有些偏暗，需要先进行"亮度"和"对比度"的处理。复制背景层，按"Ctrl + M"打开
"曲线"对话框，调整参数如图 8-63 所示。

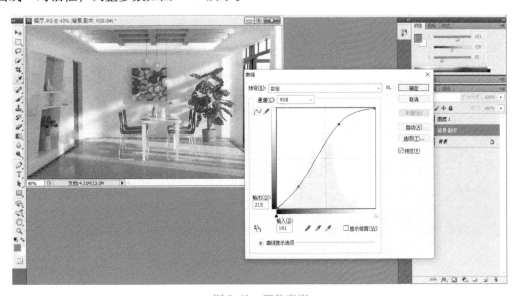

图 8-63　调整亮度

（3）需要把吊灯调亮，确认当前图层在通道层上，单击 （魔棒）按钮，在图像上单击"吊灯"，此时吊灯被选中，在图层面板上回到"背景副本"层，按"Ctrl + J"把选区单独复制一个图层，按"Ctrl + L"调节吊灯的亮度和对比度，如图 8-64 所示。

图 8-64　调整吊灯亮度

（4）用同样的方法把窗帘、电视、沙发、电视背景墙及一些小饰品单独复制一层，调整明暗变化，进行"亮度对比度"和"色彩平衡"的处理，调整完后，把可见图层合并，复制调整后的图层，在"图层"下拉列表框中选择"柔光"，"不透明度"设置为"30%"，如图 8-65 所示。

图 8-65　添加柔光效果

餐厅的后期已基本完成，读者可根据自己的喜好，使用工具进行精细调整，最终效果如图 8-1 所示。

知识链接

（1）为了使空间更有层次，需要在色彩上突出强烈的冷暖对比，比如餐厅挂画、背景墙、餐椅与装饰品的暖色调，与室外景色的冷色调做对比。

（2）如何控制渲染时间，在商业效果图表现中是比较重要的，通过建模、灯光和渲染的设置来提高效率。

任务评价

任务内容	满分	得分
本项任务需在六课时内完成	10 分	
餐厅的灯光效果是否合理	35 分	
色彩搭配是否美观大方	35 分	
家具的比例关系是否协调	20 分	

拓展园地

1988 年 8 月，中华人民共和国国家科学技术委员会颁发证书，表彰梁思成教授和他所领导的集体在"中国古代建筑理论及文物建筑保护"的研究中做出的重要贡献，被国家科学技术委员会授予国家自然科学奖一等奖。

2000 年，中华人民共和国建设部和中国建筑学会创立"梁思成建筑奖"，以中国著名建筑师和建筑教育家梁思成先生命名，是授予建筑师和建筑学者的最高荣誉，以表彰奖励在建筑设计创作中做出重大贡献和成绩的杰出建筑师。

梁思成与妻子林徽因在饱受病痛折磨的情况下仍致力于学术研究。无论疾病还是艰难的生活都无损于他们对自己的开创性研究工作的热情。就是在战争时期，梁思成用英文写成了《图像中国建筑史》。在我们的心目中，他们是不畏困难、献身科学的崇高典范。

参 考 文 献

[1] 孙启善，王玉梅. 深度 3ds Max/VRay 全套家装效果图完美空间表现 [M]. 北京：兵器工业出版社，北京希望电子出版社，2009.
[2] 周厚宇，陈学全. 3ds Max/VRay 印象超写实效果图表现技法 [M]. 2 版. 北京：人民邮电出版社，2010.
[3] 杨伟. VRay 渲染圣经 [M]. 北京：电子工业出版社，2011.